책아놀자

책아놀자

초판 1쇄 발행 · 2019년 12월 20일

지은이 · 오여진
펴낸이 · 윤석진
총괄영업 · 김승헌
외주 책임편집 · 한지현
외주 디자인 · 유어텍스트

펴낸곳 · 도서출판 작은우주 | 주소 · 서울특별시 마포구 월드컵북로4길 77, 3층 389호
출판등록일 · 2014년 7월 15일(제25100-2104-000042호)
전화 · 070-7377-3823 | 팩스 · 0303-3445-0808 | 이메일 · book-agit@naver.com

정가 14,800원 | ISBN 979-11-87310-33-4

| 북아지트는 작은우주의 성인단행본 브랜드입니다. |

책 읽는 아이의 놀라운 자존감

책 아 놀 자

혁신학교 교사가 밝히는 남다른 독서력의 비밀!

오여진 지음

BOOK AGIT

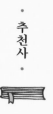

'아이들을 믿는 것만으로도
훌륭한 부모나 교사가 될 수 있다'

책말이 산뜻하면서도 중의적이어서 좋다. '책아놀자'라는 것에는 책읽기가 아이들의 자존감을 높여줄 뿐만 아니라 책과 더불어 놀기를 바라는 마음을 담고 있어서다.

오랜 기간 책읽기를 가르쳐온 사람 중 한 명으로서 독서교육에 대한 희망과 절망 중 하나에 손을 들라고 하면 당연히 전자를 선택해야겠지만 지금의 현실에서는 다른 생각이 들기도 한다. 왜냐하면, 책읽기에 점점 무관심해지는 아이들에게 나 또한 어느 정도 실망하고 있기 때문이다.

지은이 오여진 선생님은 그런 점에서 대단한 용기를 가진 사람이다. 독서에서도 반복과 실패의 과정이 성장으로 이어진다고 믿는 사람이기 때문이다. 자신의 경험을 바탕으로 자신 있게 책모임을 권하면서도 조급해하지 말고, 믿고 기다리라고 말하기란 결코 쉽지 않은 일이다.

이런 자신감은 어디서 왔을까? 물론 자신의 독서 경험에 바탕을 두고 있을 것이다. 꾸준히 책을 읽으며 쌓은 내공이 자신감을 키워주었을 것이다. 아이를 키우면서 꾸린 가정독서 모임 경험도 큰 힘이 되었을 것이다. 그러나 보다 근본적인 힘은 혁신학교 교사로서 살아온 삶의 경험이라고 나는 생각한다.

저자도 밝히고 있지만, 혁신학교에서는 마법 같은 일이 일어난다. 무엇을 시키느라 애쓰지 않아도 아이들이 스스로 하고, 심지어 문제가 생겨도 아이들이 해결방법을 찾는다. 그런데도 교사의 권위가 낮아지기는커녕 더 높아진다. 교육의 힘은 아이들이 가진 가능성을 믿을 때 비로소 가능해진다. 혁신학교에서는 아이의 성장에 대한 무한한 신뢰와 애정을 가지고 대하는 것을 기본으로 삼고 있다. 그것이야말로 아이들의 진정한 변화를 가져온다고 믿기 때문이다.

배움은 결과가 아니라 전적으로 과정이다. 독서교육의 방점도 책을 몇 권 읽는 것보다는 책을 통해 소통하고 성장하는 것에 두어야 한다고 생각한다. 그런 의미에서 자연스럽게 많은 대화와 소통을 하며 성장을 함께 격려하고 돕는 데 영향을 미칠 수 있는 가정독서 모임은 매우 신선하게 다가온다.

아이들을 믿는 것만 가지고도 훌륭한 부모나 교사가 될 수 있다는 말은 이례적이면서도 한편으로는 용기를 주는 말이다. 그 과정에서 책이 좋은 매개체가 될 수 있다니, 아무쪼록 많은 사람이 이 책을 읽고 용기를 내서 '책아놀자'를 실현해보기를 바란다.

'교사의 말하기' 저자 이용환

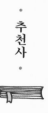

행복한 독서토론을 꿈꾸며

소통과 이해가 중심이 되는 인성 독서법, '책 읽는 아이의 놀라운 자존감'을 며칠 동안 읽었습니다. 이 소중한 책을 미리 읽은 사람으로서 마치 유명한 영화 시사회를 다녀온 듯한 벅찬 감동을 조만간 이 책과 마주하는 독자들에게 조금 나누고자 합니다.

먼저 지난 7월 출판한 제 책 '독서토론 이야기'을 읽는 듯한 착각에 빠졌습니다. 독서철학과 그 적용도 같고, 아이들 지도 내용까지 서로 통하는 것이 참 많습니다. '독서토론 이야기'는 제가 중등에 몸담고 있으니 중등 중심의 내용이었는데, 오여진 선생님은 초등 선생님이어서 초등 눈높이로 행복한 독서토론 이야기를 진술하게 풀어내셨습니다. 십 수 년을 독서교육 동역자로 같이 지내오면서, 책을 읽는 내내 선생님의 모습이 떠올랐습니다. 그간 아이들과 함께 한 경험, 독서와 함께 한 시간을 진술하게 그려내 곳곳에서 공감과 감동이 느껴집니다.

특히 이야기식 독서토론을 통해 선생님들과 교감해 오며, 지금도 우리는 이야기식 독서토론 전도자로 살고 있습니다. 또한 EBS 독서강사 센터에서 〈독서토론〉 강의도 함께 하면서 우리 교실과 가정이 독서토론 교육으로 더욱 행복해지길 노력해 왔습니다. 다양한 토론 방법이 난무하는 이 시대에 우리는 이야기식 독서토론으로 아이들을 지도하면서 참 행복했습니다. 왜 그랬을까요? 바로 우리 아이들이 행복했기 때문입니다. 이야기식 독서토론을 경험한 아이들은 교실에서도 가정에서도 그리고 마을 독서학교와 독서캠프에서도 다들 행복하다고 합니다. 전국단위 독서토론대회를 참가한 아이들의 입을 통해서도 "이야기식 독서토론, 참 좋아요!", "내년에 또 올 거예요!" 소리를 들으며 우리는 대한민국 독서대회를 헌신하는 자긍심도 함께 할 수 있었습니다.

오여진 선생님은 가정에서의 교육의 역할을 강조하셨고, 책을 매체로 아이들과 소통하는 탁월한 경험을 교육과 즐거움의 관점에서 잘 풀어 주셨습니다. 동네 친구들을 집으로 모으는 생각과 실천, 슬로리딩과 책놀이를 통한 독서토론 교육은 구절구절이 감동이었습니다. 스마일 책모임을 머리 속에 그리면서는 참으로 행복했습니다.

이 책을 읽게 될 독자들은 저보다 더 벅찬 감동으로 이 책을 만날 것입니다. 대한민국 학부모님과 선생님들께 강력히 추천합니다.

(사)전국독서새물결모임 회장 임영규

들
어
가
는
말

　충분히 살았다기에는 뭔가 부족한 것 같은 마흔살이지만, 지나고
보면 당시 가장 좋은 것처럼 보였던 것이 결국 독이 되었고, 당시 끔찍
하게 나빴던 일들이 결국 내게 약이 되는 일의 반복이었습니다. 아무
리 열심히 살아도 삶을 긴 여정의 한 순간으로 보지 못하면 늘 불안하
고 힘듭니다. 나는 내 아이와 우리반 아이들을 통해 멀리 길게 보는 법
을 배웠습니다. 긴 시간 눈물겹게 고민하고 사투를 벌인 끝에 마흔이
되어 발 밑만 보는 삶에서 고개를 들었습니다.

　저는 평범한 초등학교 교사입니다. 휴직 기간 포함해서 18년 동안
수많은 아이들과 함께 했습니다. 어느 한 해도 최선을 다하지 않은 해
가 없으며 아이를 사랑하지 않은 해는 없었습니다. 시간이 많이 지나
베테랑이 되었다고 생각했지만 그렇다고 하여 편하고 쉬운 해는 없었

책아놀자

습니다. 제가 한 아이, 한 아이의 눈빛을 자세히 들여다보고, 나와 만날 아이를 전혀 두려워하지 않고 만나게 된 건 그리 오래된 일이 아닙니다. 늘 근심과 걱정으로 키웠던 내 아이가 한없이 사랑스러워 보이는 것도 그리 오래된 일이 아닌 것 같습니다. 아이를 나의 기준으로, 혹은 또래 평균과 비교하며 바라보면 도무지 문제가 없는 아이를 발견하기 힘듭니다. 교실에서 어느 학년의 1년 모습을 바라보는 것은 그 아이 인생의 어느 한 순간과 만나는 일입니다. 아이에게는 수많은 이야기가 담겨 있습니다. 하지만 그것을 아주 대략 이해하기만 하는데도 최소한 몇 개월은 걸립니다. 아이들도 한 학기 정도는 학교에서만 '사회생활'이라는 가면을 쓸 수 있기에 파악이 쉽지 않습니다. '이제 저 아이를 좀 알겠고, 가르칠 수 있겠다' 싶으면 아이는 떠나갑니다. 그러니 공교육이 더욱 쉽지 않은 것이고, 아이를 긴 안목에서 가르칠 수 있는 가정교육이 중요한 것입니다.

하지만 '가정'에서 교육의 역할이 멀어졌다는 데 문제가 있습니다. 다들 너무 바쁘고, 사실 바쁘지 않아도 교육은 전문가의 몫으로 넘기고 부모는 돈줄이 되어버렸으니까요. 아이를 긴 안목으로 바라보고 기다려주고, 소통하며 이해해 줄 어른이 별로 없는 것입니다.

저는 제 경험을 통해 가정에서 '교육'과 '즐거움'을 찾는 방법을 소개하고자 합니다. 책을 매개로 해서 아이들과 소통하고 이해하는 방법을 말씀드리고 싶습니다. 하지만 제게는 이 방법이 맞다는 눈에 보이는 증거물이 없습니다. 제 아이가 명문대나 영재학교'에 들어가지도 않았고, 우리반 아이들이 전국 대회에서 단체로 최우수 성적을 거둔 적도 없습니다. 만나는 아이들이 초등학생이니 아직 현실을 모르고 말한다고 해도 사실 할 말이 없습니다.

그렇지만 저는 자녀 입시에 어떤 결과가 나와도 휘둘리지 않을 자신이 있고, 제 아이가 주어진 길을 당당히 걸어갈 거라 믿고 기도합니다. 그리고 저는 다시는 예전처럼 '우리반'이라는 단체로 아이들을 바라보며 교육할 수 없을 것 같습니다. 한 아이, 한 아이를 자세히 바라보고 함께 동행해나가는 '맛'을 알아버렸으니까요.

이 책이 자녀를 키우기가 너무 힘겨운 부모님, 아이에게 책을 읽히고 싶은데 도무지 읽을 것 같지 않아 고민되는 부모님, 그리고 매년 아이들에게 상처받는 선생님들에게 조금이라도 위로와 힘이 되길 기도합니다.

삶의 순간순간 나의 길을 인도해주시며 마음에 이런저런 말들을 담게 해주신 하나님께 감사합니다. 늘 뭔가 부족하고 실수투성이인 저를 격려하며 동행해주시고 성장케 해주시는 상원초등학교 선생님들, 풀어 놓고 싶은 말들이 있는데 어쩔 줄 몰라 하는 내게 그 과정을 친절히 안내해주시며 힘과 용기를 주신 정도준 출판코디네이터께도 진심으로 감사합니다. 무엇보다 내가 이 땅에서 어른답게 살 수 있도록 늘 서로 가르치고 배우는 우리 아들, 딸, 남편에게 감사합니다. 또한 70이 넘으신 연세에 먼 길 마다 않고 매주 수차례 우리 집에서 아이와 함께 해 주시는 사랑하는 나의 아버지께 부족한 자식으로서 죄송함과 함께 진심으로 사랑과 감사를 전합니다.

아이들과 함께 행복한 세상을 꿈꾸는

오여진 올림

목차

추천의 글

들어가는 말

· 제1장 · 참을 수 없는 존재의 가벼움

◆	낭비한 젊음만큼 채워진 지혜	018
◆	민망함 가득한 '내 아이 천재 만들기'	022
◆	우리 아이 영유아 사교육, 대실패하다	027
◆	삶의 가치를 깨우쳐준 책들	034
◆	엄마의 독서 | 사랑할 땐 별이 되고, 이해인	040
◆	엄마의 독서 | 그녀, 헨리 라이더 해거드	042

• 제2장 • 부모와 교사, 냉정과 열정 사이

◆ 내 아이가 이상해요   046

◆ '평균적'인 아이란 없다   048

◆ 부모가 내려놓을수록 아이는 성장한다   056

◆ 혁신학교 교사로 살아가기   062

◆ 냉정도 열정도 아닌 소통의 중요성   070

◆ 엄마의 독서 | 가르침이란 무엇인가, G,D, Fenstemacher   077

◆ 엄마의 독서 | 불온한 교사 양성과정, 홍세화 외   079

• 제3장 • 책과 함께 놀기 시작한 아이들

◆ 누구든, 그러나 반드시 친구를 데리고 와!   084

◆ 우리 집에서는 뭐든지 할 수 있어   089

◆ 심심하니까 책 읽고 싶어요   093

◆ 아무 책이라도 좋다, 건너뛰어도 좋다   098

◆ 조급해하는 순간, 모든 것을 망친다   102

◆ 책과 놀고, 책으로 소통하고, 책을 뛰어넘는 아이들   106

◆ 엄마의 독서 | 여우와 별, 코랄리 백포드 스미스   111

◆ 엄마의 독서 | 몰입, 칙센트미하이   113

제4장 우리 아이가 달라졌어요

◆ 아이들은 느리지만 반드시 변한다   118

◆ 기대하되, 먼저 믿어주어라   122

◆ 자유로운 경험이 쓰는 힘을 기른다   127

◆ 독서와 질문의 힘   133

◆ 초등학생에게 필요한 건 결국 자존감   139

◆ 엄마의 독서 | 십대들의 뇌에서는 무슨 일이 벌어지고 있나,
  바버라 스트로치   144

◆ 엄마의 독서 | 돈의 인문학, 바버라 스트로치   146

제5장 살며 사랑하며 배우는 독서의 잠재력

◆ 교과서 밖으로 뛰쳐나와라   150

◆ 모든 순간을 배움으로 만드는 온작품읽기   155

◆ 아이의 평생을 좌우하는 인성독서   161

◆ 엄마의 독서 | 정민 선생님이 들려주는 고전독서법, 정민   165

◆ 엄마의 독서 | 하룻밤, 이금이   167

◆ 엄마의 독서 | 수업, 이학규   169

제6장 · 좌충우돌 알콩달콩 독서토론 교육

◆ 아이들은 즐거워야 배운다 174

◆ 아이들은 있는 그대로도 충분하다 182

◆ 독서토론, 자연스러운 대화로 시작하라 185

◆ 독서토론교육은 책으로 노는 시간일 뿐이다 192

◆ 엄마의 독서 | 열네살의 인턴십, 마리 오드 뮈라이유 196

◆ 엄마의 독서 | 난독증 심리학, Brock l. Eide, Fernette F. Eide 198

제7장 · 따라 하기 쉬운 학년별 책모임 사례

◆ 책 선택, 어떻게 할까? 202

◆ 온작품읽기 및 책놀이 227

◆ 교차질의식 독서토론 232

◆ 이야기식 독서토론 238

◆ 스마일 책모임 소감 한마디 246

· 부록 · 아이들과 만난 이야기식 독서토론 발문

1   3, 4학년 도서   **252**

2   5, 6학년 도서   **262**

나가는 말   **277**

1

참을 수 없는
존재의 가벼움

낭비한 젊음만큼
채워진 지혜

그래 실컷 젊음을 낭비하려무나.
넘칠 때 낭비하는 건 죄가 아니라 미덕이다.
낭비하지 못하고 아껴둔다고
그게 영원히 네 소유가 되는 건 아니란다.

• 박완서, 그 남자네 집 •

나의 20-30대 시절을 생각하면 회한이 밀려오면서도, 박완서 작가의 '낭비'를 즐겼다는 면에서는 긍정적이라고 볼 수 있을까? 한편으로 젊음을 너무 이기적으로 낭비했다는 반성도 하게 된다.

많은 이들이 그렇듯 나의 젊음도 끝없는 욕심의 연속이었다. 겉으로는 아닌 척했지만 뭔가 해내고 싶은 욕심은 그칠 줄 몰랐다. 결혼을 잘 해야 한다는 목표에 죽도록 다이어트에 매달리고, 감당하지 못할 스트레스를 겪기도 했다. 교사가 되고 나서는 돈과 승진을 중심에 두고 살게 되었고 부수입을 위한 '교재 만들기' 등에 돌입했다. 그리고 빨리 교장이 되어야 한다는 욕심에 발령과 동시에 대학원에 들어가고, 외부 강의를 하는 등에 자부심을 느끼며 바쁘고 허덕이는 삶을 살았다.

60년대부터 지금까지 우리네 정치, 경제, 사회를 움직이는데 성장과 효율이 중심에 있는 걸 생각하면 사실 욕심으로 점철된 나의 젊음이 특수한 상황은 아니다. '애완의 시대'나 '82년생 김지영' 등에서 엿볼 수 있듯이 우리나라 30대부터 60대 각각의 입장에서 정권, 경제, 사회 상황과 관련하여 겪을 수밖에 없었던 상처가 있으며 그로 인해 우리는 자존감을 상실하거나 행복을 누리지 못하는 경우가 많은 편이다. 근래 들어 곳곳에서 변화와 치유를 위해 노력하는 과정에 있다고 생각한다. 나 역시 많이 변하여 왔고….

욕심에 사로잡혔다고 해서 젊은 날 아이들 가르치는 일을 소홀히 한 것은 아니었다. 그래도 나의 정체성은 아이들을 가르치는 일에 있다는 것은 잊지 않으려 했다. 아이들과 울고 웃으며 나의 모든 것을 걸었고, 심지어 주말에 학습이 부진한 친구의 집에 가서 과외를 해주기도 했으며 자취집에 아이들을 떼로 불러 노는 일도 많았다. 밤새 돌아가는 기계처럼 조금의 휴식도 허락하지 않았다.

하지만 지금 생각하면 내가 젊은 시절 더 깊이 고민했어야 하는 것은 내가 만나는 '초등학생'에 대한 공부였다. 수업 기술을 익히는 데는 부지런했지만, 아이들 하나하나를 자세히 보는 방법을 몰랐고, 할 생각도 하지 못했다.

그때는 아이들이 하나 되어 일사분란하게 과제를 잘 수행해 나가게 하는 것이 훌륭한 학급운영이라고 생각했다. 이 과정에서 즐거워하지 않는 아이들을 동참시키기 위해 더 재밌고 새롭고 센 방법을 사용하여 몰입시키려 했다. 그래서 20대에 레크리에이션 강사 자격증을 포함해 당시 유행하는 수업 기술에 대한 연수를 빠짐없이 들으려 했고, 대학원에서는 교육연극 공부도 했다. 사실 교육연극은 수업 기술이 아니다. 아이들 개개인을 자세히 바라보고 소통할 수 있는 훌륭한 배움의 과정이요 철학인데 부끄럽게도 내 목적이 '훌륭한 교사로 보이는 것'에 있으니 딱 거기까지만 적용할 수 있었던 것이다.

또한 아이가 과제를 잘 수행하지 못하면 그 아이를 바로 잡으려 집요하게 노력했다. 내가 제시하는 기준만큼 모두 해낼 것을 요구했다. 그렇지만 아이들은 지식을 머리에 집어넣고, 한 페이지를 채워 글을 써 내려고 학교에 오는 것이 아니다. 사실 배운다는 것은 듣고 읽고 쓰고 말하는 단순한 과정의 반복이다. 그 과정에서 얼마나 아이들의 관심사와 능력이 존중되고 반영되며 그 안에서 가치를 찾고 의미 있는 것을 생산해낼 수 있느냐가 중요하다. 그걸 교사가 도우려면 학생 개개인에 대한 이해가 선행되어야 하고, 개개인을 이해하려면 많이 관찰하고 천천히 지켜보아야 한다. 젊은 시절에는 그 방법을 잘 알지 못했다.

40대에 접어들어 아이에게 읽어주면 내가 울컥해지는 책이 있다. 3학년짜리 우리 딸도 참 좋아하는 '꽃들에게 희망을'이다. 그 책에는 기둥에 오르는 호랑 애벌레가 나온다. 그는 기둥에 오르다가 사랑하는 노랑 애벌레를 만나 땅에 내려온다. 하지만 사랑도 잠시. 시간이 지나 기둥에 대한 미련을 버리지 못하여 노랑 애벌레를 버리고 다시 오른다. 결국 수많은 이를 제치고 앞만 보고 올라갔지만, 기둥의 실체는 아무것도 아니었다. 기둥에 오르지 않은 노랑 애벌레는 자신을 버리고 번데기가 되기로 하며 나비가 되어 호랑 애벌레를 이끌어 준다.

내가 그랬다. 그렇게 열심히 좇아야 한다고 생각했는데 가다 보니 끊임없이 내가 진정 원하는 것인지 의구심이 들었다. 겉모습만 좇다가 어물쩍대고 부, 승진 아무것도 이루지는 못했다. 지금은 그 길로 올라가 봐야 실상 아무것도 없다는 것을 안다. '나'를 비워 번데기가 되기로 한 지금은 예전보다 훨씬 행복하다. 겉으로 보이는 것에 현혹되지 않고, 번데기의 변신과 나비의 행복한 날갯짓을 아이들과 꿈꿀 수 있기 때문이다.

민망함 가득한
내 아이 천재 만들기

서른 개의 바퀴살이 모이는 바퀴통은
그 속이 '비어 있음'으로 해서 수레로서의 쓰임이 생긴다.
진흙을 이겨서 그릇을 만드는데 그 '비어 있음'으로 해서
그릇으로서의 쓰임이 생긴다. 문과 창문을 내어 방을 만드는데
그 '비어 있음'으로 해서 방으로서의 쓰임이 생긴다.
따라서 유가 이로운 것은 무가 용이 되기 때문이다.

• 노자, 11장 •

결혼한 지 1년 반이 지나 아들이 태어났다. 나는 내 아이 돌보기보다 '내가 꿈꾸는 아이 만들기'에 더 관심이 많았다. 마침 이웃에서 좋은 베이비시터를 구했고, 난 당연히 돈을 벌어야 한다고 생각했다.

아이가 태어나면서부터 가장 먼저 육아용품 들이기에 열을 올렸다. 각종 놀잇감, 유모차 등에 관심을 기울였고, 아이 수준에도 맞지 않는 전집을 사들이기 시작했다. 당시 들인 영유아 전집 가격을 생각하면 아찔하다. 밤낮 없이 읽어주려고 애썼지만 실상 아이가 전집 중

즐겨 보는 것은 몇 권에 불과하여 혹시나 다른 전집은 다를까 싶어 끊임없이 바꾸어 들였다. 아이 눈치를 보며 틈만 나면 책을 들이밀기도 했다.

둘째가 생기며 어쩔 수 없이 육아휴직을 하고 나서 똑똑한 아이 만들기 프로젝트는 본격적으로 실행되었다. 돌이 안 된 작은 아이를 업고 네 살 큰 아이를 데리고 온갖 곳을 다니기 시작했다. 문화센터, 미술놀이, 신체 활동, 영아 영재교육기관 등. 그곳에서 아이 또래 엄마들을 만나면 내 의지는 더욱 불탔다. 각종 블록이나 놀이, 도서를 서로 경쟁하듯 사들이고 사교육 기관을 서로 소개해주었다.

휴직 중 남편 혼자 버는 상황에서 아이를 키우며 점점 늘어나는 씀씀이는 가계에 부담을 주었고 고민거리를 만들었다. 시키다보니 '내가 할 수 있는 건데 군이 이 돈을 들여 해야 하나?'란 생각이 들어 그만두고 새로운 곳을 찾기를 반복했다. 더 힘이 빠지는 건 내 아들은 어떤 선생님이 무엇으로 유혹해도 그곳을 바라보기 원하지 않는 경우가 많았다는 것이다. 줄기차게 자신이 관심 있는 무엇만을 하는 아이었다. 아주 어렵사리 이고 지고 어린이대공원에 가서 코끼리를 보여주면 코끼리가 무안하리만큼 바닥의 개미와만 놀았다. 박물관에 가도 마찬가지였다. 전시물을 보거나 설명을 들려주기는 늘 힘들었다. 지금 생각하면 너무나도 당연한 일인데 그때는 몰랐다. 그럼에도 포기하지 않고 자주 어딘가 데려갔다.

문제는 유난히 까다롭고 자주 깨는 둘째 아이를 키우며 큰 아이를 전투적으로 가르치는 일은 내게 너무나 버거웠다는 것이다. 혼자 눈물짓는 날이 늘어만 갔다. 작은 아이를 업고 큰 아이를 안고 저녁 늦게 버스에 오르던 어느 날 버스 안에서 일동 기립하여 내게 자리를 양보해주었을 때 한없이 눈물짓던 경험은 10년이 지난 지금도 잊히지 않는다.

내 육아관이 그러하니 아무래도 비슷한 생각을 하는 아이 친구 엄마와 어울렸다. 어떤 엄마가 영재교육을 한다고 하면 마음속으로 한없이 부러워했다. 무조건 많이 빨리 수준 높은 글을 읽히려고 아이와 씨름하는 엄마들을 보며 따라 했고, 우리 아들 서너 살 때 각종 독서 영재 관련 책을 읽으며 아이를 독서의 바다에 빠지게 하려고 기를 썼다. 육아서나 주변의 아이들처럼 하루 종일 책을 붙들고 읽는 아이가 되길 바랐지만, 바쁘고 피곤한 시간 아무리 노력해도 그 그림은 잘 나오지 않았다.

그 와중에 만난 KBS 읽기 혁명 제작팀 신성욱의 '뇌가 좋은 아이'라는 책은 각종 독서 영재 신화를 내려놓는 데 도움을 주었다. '뇌가 좋은 아이'에는 아이를 키우는 데 미디어 절제의 중요성과 체온과 호흡을 같이 하며 책을 읽는 것이 왜 좋은지 과학적으로 설명한다. 그리고 뇌의 특징을 통해 읽기 방식이 어때야 하는지 사례로 이야기한다. 결국 읽기는 행복한 상호작용이 될 때 가장 좋고, 연령에 맞지 않는 과도한 자극은 악영향을 미칠 수 있으니 욕심을 내려놓아야 한다는 것이다.

조금도 비우지 않고 잘 믿지 않으며, 채우려고만 하는 내가 진심으로 독서 영재 신화를 내려놓게 된 것은 뇌에 관련한 책을 읽은 것보다 내가 진심으로 책을 좋아하면서부터였던 것 같다. 내 아이가 성인이 되어서도 삶의 중요한 순간순간에 좋은 책을 들고 고민하며 기도하길 바랐으며 책이 단지 시험의 보조 수단이 아니라 마음을 움직이고 생각한대로 적극적으로 실천하게 하는 수단이 되길 바라게 되었다.

책을 읽는 목적이 정리되면 책을 읽는 방법도 당연히 그에 따르게 된다. 내 나이가 되어서까지 책을 손에서 놓지 않으려면 무조건 책이 좋아야 하고 그러니 억지로 읽는 일은 없어야 했다. 아이가 원하는 것이면 어떤 책이든 막지 않았고 좋은 문학작품이나 아이가 관심 있어하는 분야의 책은 더 자주 읽어주었다. 초등학교 3학년 정도가 되자책이 다소 길어져 읽다가 입에 침이 마르기도 하는 단점이 있었지만, 모두 즐거웠다. 부끄럽게도 교사이면서 어린이 책을 많이 읽지는 않았는데 자연스레 어린이 책에 관심을 갖게 되고 반 아이들, 우리 아이들과 함께 책을 읽고 이야기하게 되었다. 이 모든 과정이 너무 자연스러웠고 편했으며, 이는 행복으로 이어지는 많은 길을 제시했다.

다른 길이 없다는 생각으로 고집을 부렸는데 그 길이 뜻대로 향해지지 않으면 고통이 밀려온다. 특히 육아는 더 그렇다. 내 아이는 무조건 남보다 잘나야 한다는 기준도 원칙도 없는 내 욕심에 끝없이 아이를 맞추려 들 때 고통은 점점 더 깊어진다. 그 고통은 아이가 내 뜻대로 잘 따라와도 전혀 따라올 기미가 안 보여도 마찬가지다. 잘 따라오면 그만큼 욕심의 크기가 커지고 따라오지 않으면 엄마로서의 자존감은 계속 떨어지기 때문이다.

하지만 내가 가진 방향성에 대한 깊은 성찰이 있고, 확신이 있다면 아이에게 중요하지도 않은 방향성을 요구할 수 없게 된다. 인간의 삶에 대해 고민하고, 고민했다면 한 영혼에 대한 경외심과 신뢰를 갖게 되고 그러면 그 자체로 감사할 수 있을 것이다. 그러면 '아이'라는 대상을 누군가가 의도적으로 계획하여 기른다는 자체가 다소 폭력적인 발상임을 깨달을 수 있고, 내 안에 그 폭력성(?)이 사라지면 사랑과 평안이 넘쳐흐른다.

결국 난 아이를 낳고 한참 동안 성찰 없이 고집스럽게 아이를 끌고 가며 끊임없이 괴로워했다. 그 괴로움의 시간들이 다시 나의 방향성을 점검하게 만들며 성장하기도 했지만.

우리 아이 영유아 사교육,
대실패하다!

자녀가 경탄할 만한 것을 만나 배움의 길로 겨우 들어섰을 때
부모나 교사가 그 과정을 구경거리로 만들어버리는 경우가 많다.
대다수 부모는 별에 관심을 보이는 아이에게
"별에 대해 공부하고 싶어?"하면서 필요하지도 않은 천체망원경부터
구입하고 천문학교실에 데리고 다니면서 공부 쇼핑을 시킨다.
질서에 관한 지적인 과정을 겪게 하는 것이 아니라,
질서에 관한 여러 공부를 구경시키고 쇼핑하게 만든다.
그래서 알지도 못한 상태에서 경탄에 대한 역치만 높아져 경탄이
시시한 것으로 전락한다.

• 엄기호, 공부 공부 •

　아이를 키우며 한 가지 후회하는 것이 있다면 큰 아이 영유아기 때
내가 좀 더 온전히 아이를 돌보지 못했다는 것이다. 육아휴직을 했고,
최대한 많은 시간을 보내려 애썼지만, 아이를 제대로 보지 못했다.

　큰 아이 서너 살 때부터 한글을 가르쳤다. 좋은 교재를 구입했고,
길을 가면서 끊임없이 간판을 읽혔다. 영어 사교육을 시켰고, 한자도
시켰다. 피아노, 태권도, 미술학원 등 남들 다니는 학원은 대여섯 살
때부터 다 보냈다. 꾸준히 해나가길 바랐지만 결국 아이가 싫어하고

틱 증상이 생기며 모두 그만둘 수밖에 없었다. 이 모든 과정은 안 하는 것보다 훨씬 못했다. 피아노든 태권도든 미술이든 무엇을 배우는지는 별로 중요한 게 아니다. 느리지만 꾸준히 배우면서 고비를 넘기고 해낼 수 있다는 힘을 기르는 것이 유초등 시절 경험해야 할 가장 중요한 요소인데 나는 돈을 버려가며 그걸 망쳐놓았다. 결국 돈을 낸 건 스스로 깨닫기 위한 나의 수업료였지 아이를 위한 것은 하나도 없었다.

유초등 시절에는 꾸준히 경험할 내용을 부모가 정해 놓고 따라오게 하기보다 스스로 다양한 시도를 해보며 관심거리를 찾도록 지켜보는 게 중요하다. 아이가 공을 차고 싶어 한다면 수시로 공을 차는 모습을 오래도록 볼 수 있고, 그리기를 좋아하면 종이를 쌓아놓고 그리는 모습을 볼 수 있다. 음악적 감각이 있는 아이라면 노래를 많이 듣고 악기 소리 탐색에 많은 시간을 할애할 것이다. 그런 충분한 탐색과 파악의 시간이 없이 피아노, 미술, 태권도는 기본이라고 생각하고 바로 전문적인 학습을 받게 할 경우 아이는 되려 학습하기 어려운 상황이 생길 수도 있다는 말이다. 주변에 아이를 대학에 보내고 '예체능을 그렇게 가르쳐봐야 다 헛되고 관심도 없더라,'라는 말을 많이 하는 건 부모와 아이가 평생 음악과 체육 등을 가까이 하며 아름다운 삶을 살기를 바라는 마음보다 남들이 해야 하니까 하는 다소 본질적이지 않은 목적이 있었기 때문이 아닐까?

나를 비롯하여 많은 부모들이 아이들을 키울 때 보이는 것만 보고, 보고 싶은 것만 보는 경향이 있다. 욕심 때문이다. 전 세계 수많은 교육기관이 학교를 8세에 다니게 하고 그때 즈음 읽고 쓰게 하는 건 다 이유가 있다. 핀란드는 학교 입학 전에 글을 가르치는 것을 법으로 금지하고 있고, 독일은 초등학생의 사교육을 금지하며, 영국은 "선행학습은 커닝보다 더 부도덕한 일이다"라고 가르치고, 프랑스에서는 유치원에서 알파벳이나 구구단을 가르치면 설립허가를 취소하는 법이 있다. 학원이 없는 독일에서 한국인 부모가 알파벳을 가르쳐 학교를 보냈더니 담임선생님에게 왜 아이가 배우기 어렵게 미리 가르쳤냐는 전화를 받고 부끄러웠다는 사례를 들었다. 유럽인들이 어릴 때부터 제대로 못 배워 우리보다 많이 부족한가? 세 살부터 글을 배우면 더 똑똑해지고 더 많이 이해하고 인격적으로 더 훌륭해지는 게 확실하다면 모두 나서서 세 살부터 의무교육을 시킬 것이다. 수많은 뇌과학자, 교육자, 심리학자들이 그렇지 않다고 하는 건 다 이유가 있다.

　사람은 글로만 배우지 않는다. 특히 영유아기 시절에는 글로 배워지는 게 없다고 봐도 과언이 아니다. 몸을 움직여서 배우고 주변 사람을 관찰, 모방하며 배우는 게 전부다. 예를 들어 네 살짜리 아이가 '사과'를 배운다고 보자. 사과 그림책도 읽어주고, 사과 영상을 보고 심지어 '사과'란 글씨까지 쓸 수 있다. 그럼 그 아이가 사과의 실체를 잘 안다고 할 수 있을까? 영유아기 아이에게 사과를 가르치는 가장 정확한 방법은 과수원이나 마트에서 '사과'를 만나 관찰하고 만지고 냄새 맡고, 먹어보며 느끼는 것이다. 매일 아침 사과를 먹으며 이야기를 나누고, 사과 씨를 심어 사과나무를 기를 수 있는 기회가 있다면 더 좋을 것이다. 그리고 매일 만나는 조금씩 다른 사과를 그려보고, 모양을 흉내낼 수도 있다. 이것이 반복된다면 이 아이가 말로 표현은 다 못하겠지만, 사과에 대해 가지고 있는 이미지와 느낌은 무궁무진할 것이다. 그

건 삶의 많은 다른 배움에 적용이 될 수 있다. 단시간에 배우는 것은 배우는 척하는 거지 배우는 게 아니다. 꾸준히 견디며 대상과 만나지 않은 배움은 거짓 배움일 가능성이 높다.

우리 아들이 세 살 때 매트에 있는 알파벳을 다 읽어 온 가족이 모여 영재라며 기뻐했던 일은 아직도 기억에 남는다. 아마 그때 우리 아들은 당황했을 것이다. 대체 저 어른들이 이걸 왜 기뻐하는지 잘 몰랐을 테니까. 아이들은 말은 못해도 정확히 안다. 내가 밥을 스스로 잘 먹을 때보다 글씨를 외웠을 때 기뻐하는 어른의 모습을. 당연히 아이는 몸을 움직여 밥을 먹거나 정리를 하는 것보다 가만히 앉아 글을 쓰고 외우는 것이 더 가치 있다고 느끼게 될 것이다. 그런데 사실 그건 유아에게는 배우는 게 아니고, 배우는 척하는 법을 알게 하는 것이다. 유아가 글을 쓴다는 행위는 단지 글씨를 쓰는 것에 가깝다. 아직 어려 글에 내가 살아가는 모습이나 깨달음을 담기 어렵기 때문이다. 또한 반복적으로 글씨 쓰기를 연습하는 것이 나쁘다고 볼 수 없으나 아직 바르게 글씨를 쓸 만큼 손의 힘이 자라지 않은데다가 스스로 양치를 하거나 블록을 정리하는 것만큼 의미를 발견하기도 힘들다. 내가 귀찮고 힘들지만 몸을 움직여 소소한 무언가 해내는 경험이 쌓일 때 배울 수 있고, 진실한 사람이 될 수 있다.

얼마 전 장사가 잘 안 되는 골목 식당을 살리기 위한 솔루션을 진행하는 텔레비전 프로그램을 보았다. 그 날 방송은 외국 유학파 쉐프로 세계의 다양한 요리를 시도하여 식당을 살리고자 하는 이를 돕는 상황이었다. 그런데 이 상당히 박식해 보이는 유학파 쉐프가 식당 운영의 가장 기본인 부엌 청소, 국수 삶는 법, 손님 응대하는 법 등을 모르는 모습을 보였다. 누가 봐도 평소 요리를 많이 하지 않았다는 것을 알 수 있다. 음식을 머리로 할 수 있다고 믿는 어른이다.

공부는 내가 하고 싶고 해야 한다고 느껴야 오래도록 할 수 있다. 그러려면 어느 정도의 재미와 견디는 힘과 의지가 있어야 한다. 그런데 문제는 그게 설명으로 되는 성질이 아니라는 것이다. 어릴 때부터 꾸준히 몸을 쓰며 수많은 시행착오를 겪고 깨달아보지 않은 아이들은 중요한 순간에 견딜 수 없고, 뚝심 있게 해내지 못한다. 많은 아이들은 '빨간 머리 앤'에서 앤이 배우는 방식으로 배운다. 그렇게 배운 아이들은 공부의 의미를 이해해 나가며 견디는 힘과 의지가 생길 가능성이 많다고 생각한다.

"전 오늘 가치 있는 교훈을 새로 배운 거라고요. 전 초록 지붕 집에 온 뒤부터 실수를 많이 저질렀는데, 그 실수들은 하나같이 저의 큰 단점들을 고치게 해줬어요. 자수정 브로치 사건으로 제 것이 아닌 물건에는 손을 대지 않게 됐고요. 유령의 숲 일은 상상에 너무 빠져 드는 버릇을 고치게 해줬어요. 진통제 케이크 사건으로 요리할 때 신중하지 못한 습관을 버리게 됐고요. 염색 사건을 겪으면서는 허영심이 없어졌어요. 이젠 더 이상 머리나 코에 대해 생각하지 않아요. 적어도 거의 하지 않는다고 볼 수 있죠. 그리고 오늘 실수는 지나치게 낭만을 찾는 습관을 고쳐줄 거예요. 에이번리에서는 낭만을 찾으려고 해봤자 소용없다는 결론을 얻었어요."

그래서 어린 시절에는 앤과 같이 일상에서 스스로 무언가를 끊임없이 경험해보고, 재미와 의미를 찾을 수 있는 이야기, 글을 삶 속에서 늘 접하는 것이 중요하다.

그 과정에서 내가 했던 큰 실수는 '이끌어주기'의 중요성을 간과한 것이다. 아이의 생각을 존중하고 스스로 결정하게 해야 한다는 생각이 강해 큰 아이가 서너 살 무렵 당시 유행했던 '그렇구나!'와 같은 공감 대화, 감정 코칭을 어설프게 적용했다. 그래서 서너 살 아이의 말도 안 되는 생떼에도 꾹꾹 누르며 '그렇구나'를 남발했다. 또한 예닐곱 살 무렵부터 먹고 싶은 음식부터 배울 거리까지 수많은 선택을 하게 했었다. 아이는 구별하고 선택하기를 반복하여 연습한 것이다.

나중에 아이가 초등학교 입학할 때 즈음 혁신학교에 와서 발도르프 교육을 공부하며 '이끌어주기'와 '내버려두기'를 접했고 내 실수를 돌아볼 수 있었다. 아직 당연스레 살아가며 지켜야 하는 규칙과 질서가 몸이 배이지 않은 영유아에게 자꾸 무엇을 선택하고 구별하게 하면 예민하고 까칠해진다고 한다. 너무 까다로운 사람이 된다는 것이다. 영유아 시기, 초등학교 저학년까지는 아이에게 설명이나 설득이 필요 없이 그저 해야 하니까 하는 일의 리듬을 만들어 주어 세상에 적응하는 방법을 익히게 해야 한다. 사고력이 발달하는 고학년 시기에 스스로 생각하게 하여 구별할 수 있도록 교육해야 한다는 것이다. 당연히 해야 하는 일에 아이 눈치를 보고 결정권을 넘기면 아이는 예민하고 까칠해져 간다. 다행히 내가 전형적인 아침형 인간인 탓에 취침시간과 아침식사 시간은 늘 지켜졌고, 미디어 통제 등은 철저했지만 식사습관과 놀이 활동, 배울 내용, 물건 등을 너무 많이 구별하고 결정하게 하여 혼란을 주었던 것 같다. 심지어 늘 기분을 물으며 아이를 상전처럼 모시고 조금 힘든 일에 대해 견딜 여유를 주지 않고 바로 '고객님'으로 응대한 경향이 있었다. 어린 나이부터 해야 할 일과 해서는 안 될 일을 몸으로 자연스럽게 이해해 나가도록 따뜻한 권위로 이끌어 주었어야 하는데 그러지 못했다.

이 현상은 갈수록 더 심한 것 같기도 하다. 공을 들이고 잘해준 만큼 아이는 그것을 알아주고 감사해야 할 것 같은데, 오히려 아이의 까탈스러움과 반항에 힘겨워해야 하는 경우라면 이끌어주기의 수위 조절에 문제가 있을 수 있다. 이는 학급 운영에도 똑같이 적용된다. 당연한 일에 아이들의 의사를 묻고 단호한 자세를 보이지 않으면 아이들은 교사에게 더 많은 것을 요구하면서도 예의 없는 태도를 보인다. 또한 아이를 이끌 때에는 내가 시키고 싶은 것이 아니라 한 인간이 사회에 발을 들이며 마땅히 지켜야 할 것들을 이끌도록 노력해야 한다. 내 욕심을 투영하여 이끌 때는 아이가 그 권위를 인정하지 않을 수 있다. 물론 지나치게 이끌려고 할 경우에도 문제가 생기기는 마찬가지이니 경계해야 한다.

결국 아이를 키우는 사람은 끊임없이 중용의 줄다리기를 하며 지나치지도 모자라지도 않게 늘 돌아보아야 한다.

영유아 시기 기본적으로 익혀야 할 삶의 리듬 만들기 및 배움의 바탕은 사교육으로 이루어질 수 있는 성질의 것이 아니다. 오히려 사교육은 자극적인 것에 많이 노출시켜 아이를 예민해지게 할 수 있다. 영유아기의 활동 범위는 집과 근처 공원이나 앞마당이면 충분하며 부모가 여유를 가지고 하루의 건강한 리듬을 만들고, 애정 어린 교감을 하는 것이 전부이다.

삶의 가치를 깨우처준 책들

우리가 읽는 책이 우리 머리를 주먹으로 한 대 쳐서
우리를 잠에서 깨우지 않는다면, 도대체 왜 우리가
그 책을 읽는 거지? 책이란 무릇, 우리 안에 있는
꽁꽁 얼어버린 바다를 깨뜨려버리는
도끼가 아니면 안 되는 거야.

· 카프카, 변신 ·

쉼 없이 노력했지만 내 인생은 이상하게도 좌절의 연속이었다. 대학원 공부에 이어 무언가 해 보고 싶었지만 육아를 놓을 수 없어 중단해야 했고, 그렇게 공들인 육아도 결코 내 뜻대로 되지는 않았다. 육아에 비용을 많이 쓰다 보니 부자가 되기 위한 나의 재무계획도 엉망이 되어버렸다. 심지어 늘 곁에서 손발이 되어주신 엄마마저 급작스레 병으로 돌아가시고 나서는 서 있기조차 힘이 들었다.

그 당시 당장 죽을 수도 없는데 살 수도 없겠으니 집어든 게 책이었다. 아기가 있으니 술을 마시기도 그렇고, 쇼핑하며 돈을 펑펑 쓰는 건 아닌 것 같아서 평소 읽지 않던 인문학 서적, 성경 등을 읽기 시작했다. 성경은 하도 어려워 다니지도 않던 교회에 들어가 물으며 읽었다. 아이를 재워 놓고 밤에 잠을 설치기도 하며 책을 읽기 시작했다. 나는 독서력이 뛰어나지 않았고 종일 아이들과 씨름해야 했기에 처음부터 어려운 책은 읽을 수 없었지만 꾸준한 독서는 나를 조금씩 변화하게 했다.

그때 만난 책들은 정말 도끼였다. 논문이나 수업 등 필요에 의해 읽어야만 하는 책들을 만날 때는 깨닫지 못했는데, 삶의 무게를 견딜 돌파구를 찾고자 만난 책들은 그 이전과는 다른 책들이었고 그 책들은 내게 도끼였다.

우리 아빠는 고등학교 국어 선생님이셨다. 어릴 때부터 우리 집에는 온갖 전집이 꽉꽉 들어차 있었다. 하지만 난 그 책을 빼 보고 싶다는 생각을 한 적이 없었다. 어마어마한 양에 압도되었을 수도 있고, 재미를 느낄 만한 계기를 마련하지 못해 그냥 교과서만 읽으며 학창시절을 보냈던 것 같다.

하지만 그 와중에도 잊지 못할 책들이 있다. 초등학교 때 읽은 '소공녀' 같은 세계명작전집의 책들은 읽고 또 읽어도 지겹지 않았다. 감정이입을 잘 하는 편인 나는 이야기 속 인물이 어려움에 처할 때 같이 힘겨워했고, 행복한 결말에 기쁨이 넘쳤다. 어린 시절 선과 악의 구도가 뚜렷한 여러 이야깃거리를 많이 접하는 건 큰 재미일뿐더러 훗날 옳고 그름을 구별하는 데 도움이 된다는 말이 여러 모로 공감이 된다.

중1 때는 교과서를 미리 살펴보다가 황순원의 '소나기'를 보았다. 잠도 못 자고 또 보고 또 보며 밤새 울었다. 사실 그때 '소나기'를 읽는 국어 수업만을 간절히 기다렸었는데, 빨간 볼펜으로 곳곳 구절에 밑줄을 긋고 온갖 품사를 적고 분석을 해대는 통에 그 감동이 산산조각 났었던 경험을 했었다. 그래서 교실에서 독서 수업을 할 때 늘 훌륭한 작품 앞에서 아이들이 그 감동, 기쁨을 느끼는 일을 방해하지 않도록 주의를 기울인다.

고등학교 때 독서실에서 공부하기 싫어 읽은 이문열의 '사람의 아들'은 지금도 아찔하게 기억에 남아 있다. 당시 미션스쿨에 다니던 나는 비밀스러워 보이고 엄청난 듯한 신앙적 지식에 압도되었던 것 같다. 또한 자아정체감이 생길 시기 내가 이 땅에 존재하는 이유와 무엇을 위해 살아야 하는지 잠시나마 고민하는 동기를 제공했었다. 성적도 뜻대로 되지 않고 내가 왜 독서실에서 이러고 있어야 하는지 반항하는 마음이 들 때 나의 방황을 설명해주는 듯한 느낌도 들었고, 무엇보다 내가 믿는 신은 대체 어떤 분일지 생각하게 해주기도 했다. 물론 25년 만에 다시 든 '사람의 아들'은 고등학생 때의 놀라움과는 사뭇 다른 느낌이었다. 25년 간 많은 일들을 겪고 많은 생각을 하며 나름 정리된 나의 신앙과 생각은 이전과는 완전히 다른 새로운 독자를 만들었을 것이다. 책이란 건 읽는 사람, 읽는 시기에 따라서도 독자의 마음에 전혀 색다른 옷을 입힐 수 있는 오묘한 것이다. 그런 오묘하고 신기한 '책'이란 대상을 저자도 아닌 제3자가 마치 그 책을 다 아는 것처럼 확신에 차 접근하는 것은 책에 대해서도 독자에 대해서도 예의가 아닐 것 같다.

책아놀자

어쨌든 그렇게 분절적인 경험으로 남아 있을 뿐 꾸준히 책을 읽을 동력을 마련하지 못한 채 나는 성인이 되었다. 이렇게 학창시절 제대로 책을 만나지 못하고 대학생 때부터 아이를 낳기까지는 온갖 실용적인 이유로 책을 집어 들었다. '매력적인 사람이 되는 법', '부자가 되는 법', '논문을 쓰기 위한 각종 관련 서적과 논문들', '다이어트 서적', '수많은 육아서' 등 당장 필요하거나, 그저 책에서 뭐라고 하면 몇 달 동안 한 번 따라해볼 수 있는 책들을 꾸준히 읽었다.

하지만 내가 정말 무엇을 원하는지, 어떤 삶을 살기 원하는지 알기 원해서 책을 들 때는 이전과는 달리 매우 비장했다.

처음에 가장 '도끼'처럼 느껴졌던 책은 권정생 선생님의 '우리들의 하느님'이란 수필집이다. 초등학교 국어를 가르쳐본 사람이 권정생 선생님을 모른다고 하면 말이 안 되지만, 부끄럽게도 수많은 아동 도서를 쓴 유명한 저자라고만 생각했지 그의 삶에 대해서는 잘 몰랐다. 지금도 당시 책 속 흑백 사진의 장면을 보았을 때 받았던 충격이 잊히지 않는다. 안동 조탑리의 허름한 오두막에서 멍하니 앞을 응시하는 듯한 그의 사진에서 한참을 눈을 떼지 못했다. '대체 무엇 때문에 저렇게 살까?'라는 답이 수필 곳곳에 잠잠히 흐르고 있었기 때문에 그렇게 질문할 수 없었지만, '난 왜 저렇게 살지 못할까?'라는 질문은 너무 괴로웠다. 그러면서 권정생 선생님의 동화를 다시 찬찬히 보게 되었고, 이오덕 선생님에 대해서도 알게 되어 관련 책을 찾아보게 되었다.

그 후로 꾸준히 내가 읽는 책의 스펙트럼이 많이 바뀌었고 진정으로 아이를 위한다는 것, 사람답게 산다는 것이 무엇인지 생각하게 된 것 같다. 최근 오랜만에 '선생님, 요즘은 어떠하십니까?'로 만난 두 분의 이야기를 읽으며 다시금 눈시울이 뜨거워졌다. 이오덕 선생님과 권정생 선생님의 진심 어린 편지 속에 그분들의 길고 긴 고뇌가 마음에 담아지며 내내 쓰라렸다.

사람이 스스로 옳다고 생각하는 대로 오롯이 행동할 수 있다는 것이 얼마나 불가능에 가까운지 나이가 들어갈수록 더 절실히 깨닫는다. 나이가 들어갈수록 확고해지고 자신감이 생기며 행복이 늘어날 것 같았지만, 오히려 반대인 측면도 크다. 확신이 들고 아는 게 많을수록 괴로움이 더 커지기도 한다. 누구나 하는 일상의 고민 및 끊임없는 신체의 고통, 자신의 고민을 털어 놓은 편지를 통해서 진정 순수하게 생각하는대로 살고자 한 권정생 선생님의 그 괴로움이 점점 더 가깝게 느껴지며 자꾸만 마음이 아팠다. 그의 동화, 시, 소설의 내용이 겹쳐지며 소소한 일상과 끊임없는 좌절이 자꾸 내 일처럼 느껴졌고, 진정한 크리스천이 가져야 할 태도에 대해서도 되짚어보게 했다.

인문학 책 소개를 보고 읽을 책들을 정하기도 했다. '책은 도끼다'는 광고인 박웅현씨가 인문학 강독회의 강연 내용을 옮겨 적은 책이다. 역시 광고인답게 그의 책 소개는 당장 그 책을 사보고 싶도록 흥분되게 했다. 그가 '책은 도끼다'에서 소개하는 책의 내용을 보고 있노라면 마치 그 책을 읽고 있는 것 같은 느낌이 들고, 책을 읽은 저자의 감동 속에 나 또한 빠져드는 것 같다.

그가 소개한 책 중 '이철수 판화집', '그리스인 조르바'와 '참을 수 없는 존재의 가벼움'은 내가 읽어 본 책들이었다. 같은 책을 읽고도 그처럼 생각의 폭을 깊고 넓게 할 수 있는 것은 박웅현씨가 가진 철학이나 특유의 감수성 영향도 크겠지만, 그의 독서법도 한 몫 차지할 것이다.

그는 책 속에서 이전에 읽었던 또 다른 책의 구절을 떠올리며 끊임없이 연결고리를 찾았고, 천천히 곱씹으며 읽었다. 그래서 좋은 책을 만나면 밑줄 치며 반복해서 읽고, 공책에 좋은 구절이나 생각을 따로 적어놓기도 하였다. 그는 책을 많이 읽는 것보다 제대로 읽는 것이 중요하다고 강조한다. 뒤늦게 책 읽는 재미를 깨달아 읽고 싶은 책이 너무 많은 나에게 도움을 준 책이다.

당시 도끼 같았던 또 하나의 책은 도서관에서 우연히 접한 고미숙 작가의 책이었다. 고미숙 작가의 '공부의 달인 호모 쿵푸스', '사랑의 달인 호모 에로스', '돈의 달인 호모 코뮤니타스' 등은 내가 그동안 좇아오던 것의 본질을 되돌아보게 만들었다. 고미숙 작가의 책을 쭉 찾아 읽고 나니 꼬리에 꼬리를 물고 계속 읽고 싶은 책이 늘어났다. 그렇게 나의 책사랑은 끊임없이 이어졌다. 당시 책을 사고 빌리는 것은 삶의 커다란 기쁨이 되었고, 길을 갈 때도 책이 손에서 잘 떠나지 않았다.

그렇게 깊은 암흑 속에서 어찌해야 할지 모르고 책만 들여다보며 제법 많은 시간이 흘렀다. 그 수많은 책들은 나도 모르게 조금씩 내가 가진 방향성을 수정해 주었다. 성경 또한 적은 부담감으로 만날 수 있었고 신앙인으로서도 성숙해 나가며 이제 사람들에게 인정받기 위해 기를 쓰지 않고도 스스로 내 자존감을 지킬 수 있었다.

시와 함께 한 추억

15년 전 대학 시절 가장 절친했던 친구가 정성스런 메시지를 담아 선물해준 책을 다시 읽었다. 이해인 수녀님의 '사랑할 땐 별이 되고'라는 글모음집이다. 여기저기 밑줄이 쳐져 있는 것을 보면 그 당시에도 책을 받아 열심히 읽었던 듯한데 20대 초반에 50세를 넘기신 이해인 수녀님의 삶에 대한 이야기와 시를 어떻게 이해했을지 궁금하기도 했다.

일기, 수필, 편지, 시로 이루어진 이해인 수녀님의 담담하고 소박한 삶의 이야기는 오랜만에 학창 시절을 회상하게 했다. 교장 선생님을 비롯해 많은 선생님이 수녀님이셨던 중고등 시절은 내게 아주 아름다운 추억으로 남아 있다. 선생님들에게서 눈물이 날 정도의 큰 사랑을 느껴보고, 삶에 대해 이런저런 고민을 할 수 있게끔 해주었던 나의 중고교 시절은 쓰라리면서도 아름다운 별빛으로 남아 있다.

나 또한 내가 받은 큰 사랑처럼 아이들에게 배움과 고민의 장을 주고자 하지만 자신이 없을 때도 많다. 너무 오랫동안 여유와 기도를 잃은 탓일까. 내가 하찮게 여기던 것들이 어쩌면 중요한 것들이었을지 모른다는 생각을 하며 주변을 자세히 돌아보려 퍽이나 애쓰고 있는 요즘이다. 교실에 있는 화분, 길가에 핀 풀 한 포기, 아이들 하나하나의 표정이 좀 더 잘 보였으면 좋겠다. 다음 구절처럼 파도가 멈추지 않는 섬과 같은 사람이 되었으면 좋겠다.

"누군가를 처음으로 사랑하기 시작할 땐 차고 넘치도록 많은 말을 하지만, 연륜과 깊이를 더해 갈수록 말은 차츰 줄어들고 조금은 물러나서 고독을 즐길 줄도 아는 하나의 섬이 된다. 인간끼리의 사랑뿐 아니라 신과의 사랑도 마찬가지임을 이제 조금은 알 것 같다. 나는 섬이 되더라도 가슴엔 늘상 출렁거리는 파도가 멈추지 않기를 바란다. 메마름과 무감각을 초연한 것이나 거룩한 것으로 착각하며 살게 될까 봐 두렵다. 살아가면서 우리는 무엇보다 마음의 가뭄을 경계해야 하리라."

-『사랑할 땐 별이 되고』, 이해인 저, 샘터, 1997.

실현될 수 없는 욕망이지만

지난 해 아홉 살 난 우리 아들이 외삼촌 집에 놀러가서 조카에게 충격적인 말을 남겼다.

"우리 엄마는 할머니가 되지 않았으면 좋겠어. 항상 지금 같이 예뻤으면……. 엄마가 할머니가 되면 그냥 엄마랑 같이 세상을 떠나버릴까 봐."

그 말을 전해 듣고 대체 내가 나이가 먹는 게 왜 그렇게 두려운지 한참을 고민했던 기억이 난다. 다행히 지금은 전혀 그런 생각을 하는 것 같지는 않다.

아동 도서인 '트리갭의 샘물'에서부터 '나니아연대기', '반지의 제왕' 등에서 다루어진 영원한 생명과 젊음, 절대적 존재, 환상과 모험 등은 익숙하고 재미있는 소재지만 1887년 당시에 헨리 라이더 해거드의 소설 '그녀'는 나름 혁신적이었던 모양이다. 2000년 동안 지혜와 절대적 아름다움을 가지고 있으면서 악하고도 억지스러운 통치자이며 '사랑'에 대한 무모할 정도의 환상을 가진 그녀인 아샤. 궤변논자이며 악하다고 생각하면서도 그녀를 사랑할 수밖에 없었던 홀리와 레오. 다소 문어체인 그들의 대화가 머리와 입가에 살아 맴돌았다.

영원한 젊음을 간직한 채 뜨거운 사랑을 얻고자 했던 그들은 당연히 예상했듯 꿈이 실현되는 불꽃의 의식이 끝나는 순간 모든 것을 잃고 만다. 인간이기에 너무도 당연히 인정해야 하는 결과이면서도 또 인간이기에 그들의 욕망을 탓할 수도 없었다. 모든 것을 내려놓고 자연의 순리를 인정하는 듯하면서도 순간 나도 모르게 생겨버리는 젊음, 사랑에 대한 갈망을 어떻게 멈출 수 있을까?

시간의 흐름에 따른 인간의 모든 한계는 자연스럽게 인정하면서 내면에 젊음과 사랑이 샘솟았으면 하는 욕심을 내보다가 이내 웃음 짓는다. 그냥 따스한 봄이 오는 지금 이 순간, 젊음을 온몸과 마음으로 느껴야겠다.

-『그녀』, 헨리 라이더 해거드, 황금가지, 2005.

2

부모와 교사,
냉정과 열정 사이

내 아이가 이상해요

하느님 나라는 절대 하나 되는 나라가 아닙니다.
하느님 나라는 일만 송이의 꽃이 각각 빛깔과 모양이 다른 꽃들이
만발하여 조화를 이루는 나라입니다. 꽃의 크기가 다르고 모양이 다르고
빛깔이 달라도 그 가치만은 우열이 없는 나라입니다.

• 권정생, 이오덕/ 선생님, 요즘은 어떠하십니까? •

우리 아들은 주의력이 약하다. 아주 작은 주변 자극에도 집중을 하지 못하는 매우 세심한(?) 성품을 지녔다. 지금은 아이도 나도 그 점을 비교적 편안하게 인정하고 아이의 속도에 맞추어 학교에서도 집에서도 큰 갈등 없이 잘 지내고 있지만 불과 3-4년 전까지만 해도 그게 쉽지 않았다. 내가 초등교사이기에 더 어려웠을 거라는 점은 말할 필요없을 것이다.

내 아이의 많은 부분이 타고난 것이기에 나는 크게 자책하지 않으

책아놀자

려 노력했다. 그리고 그 유전자가 아무리 봐도 깔끔하고 정리 잘하며 차분한 남편보다는 나에게서 물려받은 것임을 알기에 기꺼이 받아들이기로 했다. 나도 어려운 어린 시절을 겪었지만, 지금은 남에게 피해 끼치지 않고 선한 영향력을 끼치려 애쓰며 살아가고 있기 때문에 내 아들도 그러리라는 믿음이 있다.

하지만, 그렇게 생각하고 이해하면서도 내 아이를 직접 가르치며 방금 들은 말도 이해하지 못하는 순간을 목격할 때 불쑥불쑥 두려움이 삐져나온다. 그 두려움의 장점은 그 감정이 솟아오를 때마다 내가 지금 놓치고 있는 것들을 돌아보게 해준다는 것이다. 도와주어야 할 것을 도와주지 못하고 있다는 생각을 하게 하고 무언가 시도하고 격려하게 한다. 하지만 두려움의 치명적인 단점은 내 아이에게도 전염된다는 것이다. 내 아들은 무딘 것 같지만, 내 작은 감정의 요동은 남편보다 예리하게 알아챈다. 지금 나의 감정과 기분에 대해 민감하고 내 말 속에 자신에 대한 걱정이 담겨 있으면 말없이 상처를 받는다.

그런데 나는 나의 걱정을 완벽히 숨길 수가 없다. 우리 아들처럼 내 감정과 마음에 민감한 아이가 그걸 모를 리 없기 때문에 그렇게 하지 않기 위한 가장 좋은 방법은 진심으로 염려하지 않는 것뿐이었다. 문제는 그게 내 의지로 안 된다는 것이다. 그래도 내게는 신앙과 함께 수많은 아이들이 곁에 있어 상대적으로 쉬울 수 있다는 생각이 든다. '내가 만난 수많은 아이들도 나름의 속도로 저렇게 배워가고 자라나는데 왜 내 아이의 성장을 믿지 못할까?' 이렇게 매일매일 곁에 있는 아이들의 성장을 격려하고 기도하며 끊임없이 두려움을 물리치고 살아간다.

세상에 '평균적'인 아이란 없다

내 아이를 위해서 내가 해야 할 유일한 것은 내가 먼저 잘 사는 것,
내 삶을 똑바로 사는 것이었다. 유일한 자신의 삶조차
자기답게 살아가지 못한 자가 미래에서 온 아이의 삶을 함부로 손대려 하는 건
결코 해서는 안 될 월권행위이기에 나는 아이에게 좋은 부모가 되고자
안달하기보다 먼저 한 사람의 좋은 벗이 되고 닮고 싶은 인생의 선배가 되고
행여 내가 후진 존재가 되지 않도록 아이에게 끊임없이 배워가는 것이었다.
그리하여 나는 그저 내 아이를 믿음의 침묵으로 지켜보면서
이 지구별 위를 잠시 동행하는 것이었다.

• 박노해, 부모로서 해줄 단 세가지 •

본격적으로 내 아이의 문제를 들여다보기 시작하면서 우리반 아이
들을 다시 보기 시작했다. 부모의 양육 태도 때문이라고 생각했던 아
이 모습들이 그게 아닐 수도 있다는 생각이 들었다. 물론 아이 성장
에 부모의 양육 태도는 절대적으로 중요하다. 하지만 유치원, 초등학
교 시절 아이의 모습에는 타고난 기질의 비중 또한 크다는 생각이 들
었다. 어느 부모가 어린 자식에게 친구와 싸우라고 가르치며, 공부를
못하라고 하겠는가? 모두 나름 애를 쓰지만, 아이의 타고난 기질을 바

꾸는 건 부모의 역량 밖이다. 최근 우리 학교에서 그 뜻과 실천 방안을 많이 도입하려고 노력하는 발도르프 교육학에서는 기질론을 비중 있게 다룬다. 왜 매번 아이들의 기질을 그렇게 장황하게 설명하는가 싶었는데 점차 이해되기 시작했다. 교육은 개별적으로 타고난 아이의 능력을 긍정적이고 선하며 온전하게 발현하도록 도와야 한다. 다만 모방의 영향력이 막강한 시기이므로 부모나 교사의 언행이나 습관 등은 분명 큰 어려움이 요인이 될 수 있으니 내 모습이 좋은 본이 되도록 끊임없이 노력해야 한다.

초등교사를 신뢰하지 않는 많은 이들은 말한다. 요즘 교사들이 아이들을 잘못된 행동을 했을 때 혼을 내느냐, 반에서 꼴등인 아이들 부모님을 불러 심각하게 이야기 하느냐, 시험도 안 보지 않느냐, 지각을 했을 때 꼼꼼히 체크해서 혼을 내느냐, 고집이 심하거나 품행이 바르지 못할 때 부모를 불러서 확실히 알리느냐 등등. 중등에서 아이들이 심각한 문제에 봉착해서야 비로소 부모님이 아이의 문제를 직시하지만 이미 때는 늦었다고 말한다. 우리나라 중학교 교육이 손을 놓을 수밖에 없는 것은 초등학교 교육의 현 작태의 문제가 크다고.

하지만 그런 말을 들을 때면 마음 한편으로 억울한 생각이 든다. 난 최선을 다하여 한 해 동안 나에게 맡겨진 귀한 아이들을 하나하나 진심으로 사랑하는 교사이다. 학업과 사회성이 원활하지 않은 아이에게 관심을 기울이며 관찰하고 돕기 위해 치열하게 고민한다. 그런 마음으로 해가 거듭하면 할수록 모든 아이는 문제가 있고, 또한 모든 아이는 문제가 없다는 걸 깨닫는다.

최근 교직생활을 하며 아이가 남에게 심각하게 피해를 주지 않는다면 지각을 한다든가, 성적이 나쁘다든가 고집이 센 것을 문제 삼아 당장 부모님께 고치도록 요구할 필요성을 크게 느끼지 못한다. 사실 예전에는 그렇게 해보기도 했다. 하지만 조급하게 다가갈수록 학부모의 공감이 오히려 떨어져 효과가 반감된다. 당장 고치기 어려운 상황이니까 아이에게 문제가 발생하는 것 아닌가? 학부모님 입장에서는 전혀 모르지도 않는 사실을 담임 선생님에게 수시로 듣는 일이 '선생님이 우리 아이를 미워하는 게 아닐까?'라는 불안감을 느끼게 만드는 것 같았다. 꾸준히 내 이야기를 들려드리고 서로 신뢰가 생긴 후에 차근차근 이야기하는 편이 낫다는 생각이 들었다.

우리반은 아침에 자연스럽게 원으로 모여 시를 낭송하고 노래를 부르고 있으면 지각한 아이들이 어느새 원으로 들어와 노래를 하고 있으므로 지각체크를 할 필요성을 느끼지 못한다. 충분히 잠을 자고 오지 못한 아이들에게 오자마자 학습지나 책을 들이미는 건 아니다 싶었다. 어차피 9시 등교로 바뀌었으니 아침 자습 대신 수업을 5분 일찍 시작하며 시를 외우고 노래를 하며 수업문을 여는 이야기를 들려준다. 그러면 늦게 온 아이들은 머쓱해하며 가방을 내려놓고 원으로 슬며시 들어온다. 아무도 불편하지 않다.

다만 지나치게 자주 늦거나 지각하는 아이들이 많아 내가 수업을 시작하는 데 불편함이 있으면 반 아이들과 함께 모임을 한다. 그러면 해결 방안으로 근처에 사는 친구가 등굣길에 데리고 온다고 하기도 하고, 전날 자는 시간을 약속해 보기도 하며 만장일치로 모두 불편하지 않은 벌칙을 정해보기도 한다. 하나씩 실행해보면 분명 나아진다. 오히려 처음부터 벌칙을 만들어 지각은 용서할 수 없다고 강력히 규제할 때보다 공동체 약속의 힘이 훨씬 강하다. 반감 없이 자연스럽게 스스로 노력하는 것을 보고 격려할 수 있다.

시험 점수가 잘 안 나오는 아이, 수행과제를 제시간에 미처 마치지 못하는 아이들은 반마다 몇 명씩 꼭 있게 마련이다. 나는 이 또한 큰일이 날 것처럼 서두르지 않는다. 아이 하나하나를 자세히 보면 수학도 연산을 잘 하는 아이가 있고 도형을 잘 하는 아이가 있으며 연산 중에서 분수를 잘 하는 아이가 있고, 소수를 더 쉽게 푸는 아이가 있다. 즉 아이마다 시간을 할애해야 하는 영역이 다른 것이다. 심지어 문제풀이의 속도도 다 달라 40분을 주면 20분 안에 다 푸는 아이가 있는가 하면 80분을 주어야 다 푸는 아이도 있다.

또한 시험 성적이 잘 안 나오는 아이를 대하는 부모님의 생각 및 대처방법도 가지각색이다. 반드시 공부를 잘 해야만 하는가, 시키려고 애쓰지만 아이가 늦되어서 잘 안 된다든가, 도저히 여력이 안 되어 공부를 봐줄 수가 없다든지, 아이가 그렇게 부족한지 몰랐다며 당장 학원에 보내겠다고 하기도 한다. 하지만 부진한 아이를 대하는 태도에 한 가지 정답이 있을 수 없다. 원인과 양상이 다 다르기 때문이다. 그건 아이를 지켜보며 상황에 맞게 판단해나가야 한다.

나는 공부를 못하더라도 나름대로 의욕과 에너지가 넘치는 분야가 있다면 열심히 격려하고 부진한 부분은 예전보다 조금 더 잘 해보도록 격려한다. 대신 곱셉처럼 누적적으로 알고 넘어가야 다음 학년 공부에 지장이 없는 내용이라면 그 단원이 끝나도 꾸준히 연습하게끔 한다. 매일은 못해도 일주일에 한두 번은 부모도 교사도 아이들을 가르칠 수 있다. 실제 우리반에서 매주 남아 공부하는 아이들이 싫어하거나 부끄러워하지 않는 것은 나의 이런 태도 때문이라고 생각한다. 올해가 가기 전에만 이해하도록 격려하면 1년 동안 꾸준히 연습한 기본 연산 정도는 대부분 해낸다. 한 단원을 배우는 데 3주 정도 걸리는데 석 달 정도 연습하고 다시 평가하면 대부분은 성적이 오른다. 길게 두고 하면 그새 자란 아이들은 다시 보고 몰랐던 것을 이해하며 알아가는 기쁨도 함께 얻을 수도 있다.

왜 서로 다른 아이들의 문제를 그렇게 조급하고 심각하게 보아야 하나? 왜 다양한 평가의 형태 중 하나인 지필평가에서 모든 아이들이 당장 80점을 넘어야 할까? 중학교에서는 무슨 일이 일어나기에 당장 아이가 알지 못하는 것에 대해 그렇게 심각하게 이야기할까? 혹시 중학교에서 폭발하거나 심각한 무기력, 비행에 빠지는 것은 아이들은 자신의 의지와 관계없이 공부를 못하거나 잘못을 했던 것에 대한 부정적 피드백이 너무 쌓여 폭발하는 것은 아닌가?

몇 해 전 유난히 분위기 좋았던 우리 학년 선생님 6명이 모여 앉아 툭 하면 티격태격 말장난했던 것이 생각난다.

"이 사람들 진짜 특이하네. 아무리 봐도 내가 표준이야." "무슨 소리예요? 선생님은 생각도 행동도 다 별나요. 그나마 이 중에 제일 얌전한 내가 표준이지." "선생님은 너무 완벽주의자예요. 빈틈이 없잖아. 내가 보기엔 이 중에서 내가 제일 평범한 것 같은데."

그렇다. 6명은 모두 자신이 평범한 표준이라고 믿지만, 분명 어떤 측면에서 평범하지 않다. 이건 우리 학교 선생님, 아니 대한민국 사람

전체를 다 모아 놓고 이야기해도 마찬가지일 것이다. 왜냐하면 우리는 개개인성을 지니고 있기 때문이다.

토드 로즈의 '평균의 종말'을 보면 '평균'의 개념은 비교의 자료로 쓰일 때는 의미를 갖지만, 교육을 할 때 도달지점으로 사용하면 오류이고 폭력이 될 수 있다고 말한다. 우리는 표준화된 시스템에 대한 고정적 사고로 인해 학교도 병원도 국가도 평균의 데이터를 기준으로 그에 도달하지 않으면 문제가 있는 것으로 인식한다. 하지만 평균 수치에 근접한 인간은 거의 없다. 모두가 특별한 개인을 무시한 채 평균에 맞추어 교육을 하거나 인재를 선발하면 오류나 결함이 일어나므로 교육은 개개인에 초점을 맞춘 방식으로 변화되어야 한다고 강조한다.

개개인에 초점을 맞추어 수업을 하면 교실 갈등이 확 줄어든다는 것도 큰 이점 중 하나이다. 개인별로 과제의 양이 다른 것, 활동 내용이 다른 것을 편하게 받아들이므로 교사와 아이의 갈등이 확 줄어들어 생산적인 시간을 많이 할애할 수 있다. 또한 아이들끼리도 서로 다름을 편하게 인정하여 웬만하면 싸우지 않고 넘어가는 분위기도 형성된다.

내가 여기까지 생각이 이르게 된 데에는 학습이 수월하지 않은 큰아이 영향이 지대하다. 공부를 못하면 시키면 된다는 게 당연한 지론이었다. 초임 때 우리반 부진아 집에 주말까지 찾아가 지독하게 가르친 데는 그런 생각이 있었기 때문이었다. 그때는 나의 고집스런 방향성 때문에 그 아이의 원망 섞인 눈빛을 외면했었다. 그런데 아들을 키우며 그것이 쉽지 않은 경우가 있다는 것을 깨달았다. 매일 정해진 시간 내가 정한 분량을 하는 것이 너무나 어려운 아이가 있다. 매일 학원을 가는 자체가 괴롭고 힘든 아이가 있다. 고민의 고민을 거듭한 끝에 한 내 선택은 아이를 보며 아이의 몸과 마음의 소리를 함께 듣기로 한 것이다.

　문제는 그 선택이 다른 사람이 보기에 아이가 문제가 있다거나 방치를 하는 것으로 보일 수 있다는 데 있었다. 그 나이라면 혼자서 당연히 할 만한 것도 못하는 경우가 생긴다. 때로 감당하기 괴로웠지만 난 담대하게 오히려 그 특별함에 기대를 거는 쪽을 택할 수밖에 없다. 나 또한 어린 시절 어느 정도 그런 면이 있었다. 성인이 되어서까지 아무리 노력해도 안 되는 일투성이었는데 지금 생각해보니 굳이 내가 안 되는 것을 보지 않고 되는 것만 보았으면 그렇게 힘들지 않을 수도 있었다. 난 잘 되는 것도 분명 많다. 난 그저 편하게 낸 아이디어나 행동, 글이었는데 주변이 감탄하는 경우도 많더라는 이야기이다. 아무리 생각해도 부족한 부분을 끌어올리는 데 많은 에너지를 쓰다보면 아이 입장에서 자신의 속도를 인정받지 못한다는 생각이 들 것 같았다. 이는 결국 자존감의 상처로 이어질 것이다. 그냥 '괜찮다'고 하며 지금보다 조금씩 더 하도록 격려하면 정말 큰일이 날까?

　그런 측면에서 교사도 적극적으로 아이 개개인에 대한 이해의 폭을 넓혀가야 한다는 걸 해마다 절실히 깨닫는다. 사회적으로 교사에게 기대하는 수준이 지나치게 높은 것은 어찌 보면 부당하면서도 한편으로는 그래야 할 필요성이 존재하기 때문이기도 하다. 세상 어떤 일이 희생과 헌신 없이 이루어지는 것을 보았는가? 하물며 귀한 아이를 길러 내고 가르치는 일인데 교사와 부모가 같은 마음을 갖지 않을 수가 없는 것이다. 내 자식을 길러내고 수많은 또래 아이들을 보며 이 사실을 깨달아가고 있다. 그리고 다소 획일적 보편화를 강조하는 우리 사회가 좀 더 개별적 특수성에 관심을 가지고 관대하게 기다리는 분위기가 되기를 희망한다.

부모가 내려놓을수록
아이는 성장한다

제자들은 선생님으로부터 결코 똑같은 것을 배울 수 없습니다.
한 사람 한 사람이 자신의 그릇에 맞춰서 각각 다른 것을 배우는 것,
그것이야말로 배움의 창조성, 배움의 주체성입니다.

• 우찌다 타츠루, 좋은 선생도 없고 선생 운도 없는 당신에게 스승은 있다 •

종종 어른들은 어떤 아이를 두고 아주 지능적으로 못된 행동을 한
다는 생각을 하곤 한다. 겉으로는 아닌 척하면서 집요하게 주변 아이
들을 괴롭힌다든지, 선생님께 불손하거나 속을 긁는 표현을 하는 아이
들을 보면 말이다. 즉, 의도적으로 아이들이 어른들을 괴롭히는 것 같
은 느낌을 받는다.

하지만 그런 행동은 스스로를 방어하기 위한 약자의 몸부림인 경우
가 많다. 아이는 자신의 힘으로 어찌할 수 없으니 선택할 수 있는 것이

방어, 무기력, 반항밖에 없다. 그런데 초등학교에서는 힘에 겨운 아이라도 대체로 고운 눈길과 희망의 눈빛으로 대하면 그 마음에 화답해주는 경우가 많다. 물론 오래도록 인내하고 참아야 하겠지만.

멍하니 아무 것도 하지 않는 아이들, 유난히 말이 많은 아이들, 잘 삐치는 아이들, 친구들에게 다가가기 어려워하는 아이들, 자신의 의견을 굽히지 않는 아이들, 친구를 자주 놀리는 아이들, 화를 참지 못하는 아이들, 귀찮은 건 하지 않는 아이들, 시키는 건 다 잘 하는 아이들, 모르는 게 없는 아이들, 놀이만이 삶의 전부인 아이들. 이런 아이들이 다양하게 교실에 있다. 이런 아이들이 하나가 되어 '우리'를 만드는 과정을 겪어 나간다. 그런데 분명한 건 아이들은 어른보다 훨씬 '우리'를 잘 만들어낸다. 아이들은 편견이 적기 때문에 다양성에 대한 수용도가 어른보다 훨씬 높다.

문제는 이에 대한 수용도가 높지 않은 어른들이 아이들에게 편견을 심어주어 갈등을 일으킨다는 것이다. 싸우면 절대 맞지 말고 맞서 싸우라고 가르치고, 그 친구랑은 절대 놀지 말라고 가르치고, 아이들끼리 한 말에 어른이 대응하고, 수다스럽고 행동이 큰 아이들을 심각한 문제라고 생각하는 등 어른들의 대처가 '우리'를 만드는 일에 적지 않은 걸림돌이 된다.

어떤 아이의 보호자로서 한 달 이상 같은 공간에서 시간을 보냈다면 분명 그 아이에 대한 이해의 폭이 넓어진다. 주변에서 문제라고 하는 초등학생의 부모님이나 친척도 그 아이를 심각한 문제라고 생각할까? 아니다. 즉, 이상한 아이, 문제아는 나와 거리감이 있을 때 하는 말이지 자세히 바라보면 모든 아이에게는 귀여운 구석과 힘들게 하는 구석이 동시에 있게 마련이다. 정도의 차이는 있지만, 희망의 시선을 가질 때 문제 해결의 실마리가 보인다.

그런 측면에서 교사 또한 조금만 관점을 달리하면 학급 운영이 편안해질 수 있다. 내 수업 목표가 있지만 모든 아이들이 40분 혹은 80분 안에 내가 가르친 걸 다 이해해야 한다고 생각을 하면 매일 수업이 찝찝하고 답답할 수밖에 없다. 우리반 아이들이 모두 80점을 넘고, 질서 있게 체험학습을 하고 멋지게 공연을 하는 것이 초등학생에게 엄청나게 의미 있는 일이 아니다. 만족스러운 결과물은 과정 하나하나와 아이들의 마음에 초점을 맞추어 성실히 활동을 해나가다 보면 자연스럽게 이루어질 가능성이 있는 것일 뿐, 때로는 훌륭해 보이는 결과가 나타나지 않을 수도 있다. 그 결과에 연연하지 않고 그저 성실히 과정에 초점을 맞추는 게 맞다.

해마다 학년 말이면 그해 아이들과 꾸준히 했던 활동이나 글쓰기 등을 모아 학부모님 앞에서 배움잔치를 한다. 단 배움잔치를 위해 혹독하게 연습시키거나 따로 시간을 많이 내지 않는 게 원칙이다. 그저 1년 동안 꾸준히 했던 활동을 자연스럽게 글로, 연주로, 활동으로 보여주는 것이다. 가급적 학원에서 배운 화려한 피아노 실력보다 학교에서 꾸준히 처음 배워 본 저글링이나 이야기 발표 등을 하도록 권장한다. 당연히 볼거리가 화려하지 않다. 담담히 1년 활동을 돌아보고 시와 노래, 글쓰기를 들려주는 시간이 된다. 이에 대한 학부모님의 반응도 차이가 많다. 뭐 이런 걸 보라고 불렀냐는 표정인 분들이 있고, 아이의 성장과 배움에 큰 감동을 받는 분들도 있다. 어느 해는 2학년 아이에게 수업 시간에 배운 이야기를 인형극으로 만들게 했는데, 내가 봐도 여러 모로 민망할 정도로 공연이 잘 되지 않았다. 하지만 그냥 그 시간을 만들어낸 것 자체에 고마웠다. 그게 화낼 일이거나 다음 해에 내가 배움 잔치를 못하게 하는 원인이 되지는 않는다.

내가 아이들을 데리고 있는 1년을 편안하게 보내려고 한다거나 담임교사로서 훌륭해 보이기 위해 당장 보이는 모습에 치중하면 누군가 상처를 입거나 자연스럽게 배우지 못할 가능성이 많다. 사실 단 1년을 데리고 있는 담임교사가 할 수 있는 일이 그렇게 엄청나지 않다. 부모도 잠시 아이를 맡고 있다는데 담임이 아이를 데리고 있는 순간은 긴 여정의 한 점일 뿐이다. 하필 아이에게 어려움이 많은 순간에 데리고 있을 수도 있고 최상의 순간에 데리고 있을 수도 있는 것이다.

교사도 부모도 아이들과 함께 하며 가장 곤란한 문제는 다른 아이에게 피해를 준다는 것일 게다. 그런데 분명히 '피해를 준다'는 의미도 깊이 생각해야 한다. 아무 이유 없이 지나치게 반 아이들을 때리고 다니는 경우는 분명 남에게 피해를 주는 행위다. 학교의 도움을 받아서라도 적극적으로 대처를 해야 한다. 하지만 숙제를 안 하는 것, 지각을 하는 것, 공부에 집중하지 못하는 것, 발표를 하지 않으려고 하는 것, 과제를 느릿느릿하는 것. 이것을 누군가에게 피해를 주는 행동이라고 봐야 할까? 네가 발표를 안 하니까 다른 아이들이 기다리고 있다든지, 너희 모둠이 제대로 수행을 하지 않아서 그 내용을 알지 못한 다른 아이들이 피해를 받았다는 분위기로 자꾸 몰아가면 속도가 느리거나 이해력이 부족하거나 소심한 아이들은 죄인이 된다. 해마다 그런 일이 반복되면 그 아이들은 당연히 방어적, 혹은 공격적이 되고 결국 무기력해질 수밖에 없을 것이다.

못 하는 것과 안 하는 것을 구분해야 하고 속도의 차이를 편하게 인정해야 한다. 발표하고 싶지 않을 때 안 할 수 있는 편안한 분위기를 조성하며 꾸준히 격려하면 어느 순간에 하고 싶은 말을 쏟아내는 시간이 분명 온다. 이런 경우는 수없이 겪어 봤다.

이때 수업 계획이 빡빡하게 짜여진 상황은 도움이 안 된다. 분 단위 계획을 짜서 그대로 수행하게 하는 수업은 '빨리해라'라는 말을 입에 달고 있을 수밖에 없다. 아니면 아이 마음에 새겨질 여유도 없이 그냥 막 지나가버리는 수업이 된다. 수업을 여유 있고 의미 있게 짜되 수행속도가 빠른 아이들이 무언가에 기여하고 역량 발휘를 할 수 있도록 활동을 구안하면 모두에게 즐거운 수업이 될 수 있다.

크리스 메르코글리아노의 '길들여지는 아이들'은 대안학교에서 40여 년 동안 교육 활동을 한 저자가 제도 교육이 부모의 바람과는 반대로 아이들을 길들이는 현상을 짚어 보며 그간 아이들을 믿고 내면의 야성을 살린 교육을 실천한 사례를 들려주고 있다. 곳곳에서 절로 고개가 끄덕여지지만, 현실적인 이런저런 생각을 하면 한숨이 나오기도 한다.

지난 10년 간 나의 자녀, 나의 학생들을 열과 성으로 '길들이려고' 노력하면서 얻은 결과는 끝없는 내려놓음이었다. 하늘로부터 주어진 인간 개개인의 특성을 엄마인 내가 바꿀 수 있다고 생각하는 것도 1년 동안 데리고 있는 아이들을 내 뜻대로 길들일 수 있다고 생각하는 것도 어리석은 생각이었다. 언뜻 내 노력으로 무언가 된 듯했는데, 긴 호흡으로 보면 부작용과 허무함을 가져오는 일이기도 했었다.

그렇다고 교육 무용론 내지는 허무주의를 주장하고 싶은 것은 아니다. 끊임없이 교육의 효과를 긍정하고 싶기에 내려진 결론이기도 하다. 내 아이와 내 학생을 전심을 다해 믿으려는 것이다. 수많은 시행착오와 답답함을 보이더라도 그 속에 배움이 있고, 자신의 길을 찾으리라는 것을 믿어주고, 유해한 것을 잘 구분하여 차단시켜 주려고 노력하며, 스스로 책 속의 길을 찾고 즐거움을 느끼도록 본을 보여주고자 한다.

한 아이도 버리지 않고 삶과 배움을 일치시키는 수업이 결국 수업 혁신의 요체라고 생각한다. 수업 혁신은 노는 것도 아니고 무슨 특별한 기법이 있는 것도 전혀 아니다. 교실 안과 밖의 삶을 배움과 연결 짓고 끊임없이 한명 한명 소통하며 교사와 아이가 함께 성장해나가는 것. 훌륭한 교사, 훌륭한 엄마는 한결같이 묵묵히 그것을 해낼 수 있는 사람이다.

혁신학교 교사로 살아가기

교사가 가르침을 사랑하면 할수록 그것은 가슴 아픈 작업이 된다.
가르침의 용기는, 마음이 수용 한도보다 더 수용하도록 요구당하는
그 순간에도 마음을 열어 놓는 용기이다.

· 파커 J. 파머, 가르칠 수 있는 용기 ·

교수 테크닉을 중시했던 교직 생활 초기에 이 구절을 접했다면 이
해하기가 결코 쉽지 않았을 것이다. 사실 지금도 완전히 이해하지 못
했을지도 모른다. 실제 작가는 '가르치는 즐거움을 온전히 누리지 못
하는 순간을 겪은 사람, 교실이 너무나 생기 없고 고통스럽고 혼란스
러운 공간이 되어 버린 경험을 한 사람, 학생들로부터 외면당할지도
모른다는 두려움을 겪은 사람, 교직으로 생계를 꾸려나가야 하는 자신
의 개인적인 생활에 측은한 마음 등을 느껴본 사람'이 아니거나 이런

것에 무신경한 사람이라면 도움이 되지 않을 책이라고 말하였다. 그 말이 딱 맞다. 나는 적지 않은 교직경력에 혁신학교에 와서 가르침을 사랑하여 밤낮 고민하고 애를 쓰면서도 고통스러운 학급 운영의 순간을 만나 기존의 수용한도보다 더 수용하도록 요구당하는 경험을 했다. 문제는 수용을 요구당하는 순간 마음을 여는 방법을 깨우치는 것도 쉽지 않다는 데 있었다. 하지만 가르침을 사랑하여 큰 용기를 내는 일은 가치 있고 아름다운 일이라는 것은 분명하다.

"자세하고 친절하게 잘 가르치려는 것이 문제다."

혁신 학교에 와서 첫 자율장학 수업을 보신 교장 선생님께서 하신 말씀이다. 그 당시에는 수긍하는 척했지만, 내가 어떻게 해야 할지 알기가 어려웠다. 오히려 자세하고 친절하지 않은 것이 대충하는 것이라고 생각하고 '아이들을 그냥 내버려두란 말인가?'라는 생각을 하며 반감을 갖기도 했다. 우리는 중요한 한 구절을 깨닫기 위해서 수많은 시행착오와 아픔을 겪는다. 책을 많이 읽는 것보다 제대로 읽고 깨닫는게 중요하다는 말이 그런 뜻일 게다. 이는 아이들에게도 그대로 적용된다. 머리만 자꾸 키우는 것이 결국 그 말들의 진실한 의미를 깨닫는 것과 점점 멀어지게 할 수도 있기 때문에 늘 경계해야 한다.

자크 랑시에르의 '무지한 스승'을 보면 '지능의 평등'을 이야기하고 있다. 우월한 지능과 열등한 지능으로 인해 불평등이 존재하는데 교육을 통해 이 문제를 어떻게 개선할까 하는 논쟁에서 랑시에르는 좀 다른 논리를 내놓는다. 그는 19세기 교육자인 자코토가 자신이 전혀 알지 못하는 내용을 학생들에게 성공적으로 가르쳐낸 사례를 통해 모든 인간의 지능이 평등하다는 데서 교육이 시작되어야 한다고 말한다.

즉, 지식적으로 우월한 자가 열등한 자를 가르치는 것이 아니라 모두 평등한 상태에서 교사는 학생의 지능이 쉽없이 실행되도록 의지를 북돋는 역할을 해야 한다는 것이다. 랑시에르는 교사의 의지가 학생의 의지와 관계 맺고, 학생의 지능이 책의 지능과 관계 맺는 것이 진정한 지적 해방의 출발점이라고 말한다. 이를 정치 사회 영역으로 넓혀서 가진 자, 혹은 지배자가 우월한 것이 아니라 평등하다는 것을 인정한 상태에서 피지배자들을 설득해 나가는 것이 더 합당한 사회라는 이야기로 연결한다.

하지만 실제 우리 아이들에게 책의 지능과 씨름하고자 하는 의지를 갖게 하는 것이 쉬운 일이 아니었다. 어쩌면 우리 아이들은 교육을 통해 이미 우월한 지능이 존재한다고 인정해 버렸기 때문에 그 의지를 상실해 버렸는지도 모르겠다. 한 대 맞은 듯 책을 읽어가며 힘이나 영향력을 가진 사람들이 뭔가 대단해서가 아니라 같은 부족한 인간임을 인정하며 상황을 서로 납득시키는 사회가 되면 좋겠다고 생각했다. 그런데 우월한 지능이 있다는 가정 하에 교육을 받아온 나로서는 내 교실을 그런 사회로 만들기도 어렵다는 것을 인정해야 했다.

오랜 시행착오의 시기가 지나고 난 지금은 어떤 아이를 만나도 별로 화가 나지 않는다. 내가 교실에서 화를 전혀 내지 않는다는 말이 아니다. 물론 이전에 비해 화내는 빈도도 엄청 줄기는 했지만, 아이 하나하나를 자세히 바라보기 시작했다는 말이다. 수업은 내가 원하는 것을 시키는 게 아니라 내가 준비한 이야기를 통하여 아이들이 각자 의미를 가져가도록 힘쓰는 것이라는 생각을 하니 조급함이 많이 사라졌다. 아이들 앞에서도 나의 부족함을 인정하고 늘 편안하게 내놓는다.

우리 학교에는 매월 교정 화단에 있는 식물의 변화를 담아 사진을 넣어 학습지를 만들어 주시는 선생님이 계신다. 학습지가 오면 아이들과 운동장으로 나가 해당 식물을 찾아 표시하고 꽃이름에 담긴 유래, 꽃의 생김새, 열매의 쓰임새 등을 확인해 본다. 그래서 우리 학교 아이들은 교정의 꽃이름, 들꽃 이름 등에 대한 상식이 많다. 식물에 대한 상식이 많지 않은 나는 식물의 위치와 이름을 완전히 숙지하지 않고 아이들과 확대경을 들고 나간다. 처음에는 내가 기억하고 있는 식물 앞에서 설명해주고 표시하게 한 뒤 난 더 이상 모르겠으니 아이들에게 너희들이 본 적 있는 것을 알려달라고 한다. 그러면 아이들은 끼리끼리 모여다니며 확인하고 해당 식물을 찾으면 운동장 반대편에서 흥분하며 날 부른다. 그럼 우르르 뛰어가 확인한 뒤 이야기를 나누고 고마워한다. 혹시 서로 답을 잘 모르면 교실에서 함께 찾거나 책을 보고 이야기를 나눈다. 아이들은 내가 방향치라는 것을 알고 있고, 기억력이 그리 좋지 못하다는 것도 다 알고 있다. 내가 지적으로 우월하다고 강조하지 않기에 아이들끼리 서로 실수하고 모르는 것도 자연스럽다. 자연스럽게 질문이 많은 교실이 된다.

　그러면서 서서히 마법 같은 일이 일어났다. 아이들이 점차 순한 양이 되어가는 것이다. 소위 무엇을 시키느라 실랑이를 벌이는 일이 없어도 아이들이 스스로 잘 견뎌 꾸준히 해내고, 심지어 잘 싸우지도 않거나 싸움을 스스로 줄여나갔다. 무엇을 해도 물 흐르듯 자연스럽고 늘 웃음이 흐르는 교실이 되어 간다는 느낌이 늘어갔다. 주눅드는 아이가 없고, 공부 못하는 아이도 없다. 학기 초에 아이들에게 내가 중요하다고 생각하는 규칙을 늘어놓거나 기선제압을 하는 일 같은 건 하지 않는다. 다만 지내면서 문제가 생기면 끊임없이 머리를 모아 해결방안을 찾을 뿐이다. 그랬더니 아이들은 더욱 교사의 권위를 인정해준다.

오해하지 마시라. 아이들이 그림같이 얌전하고 질서정연하고 바르며 모두 우등생이라는 뜻은 아니다. 혼이 나기도 하고 소리를 치기도 한다. 다만 그 누구도 불편하지 않게 잘 배워갈 수 있다는 말을 하는 것이다. 다만 교사는 인내심과 수업 준비로 몸이 좀 불편함은 느낄 수 있을지 모른다.

큰 아이가 6학년이 되며 자발적으로 좀 더 잘 할 수 있는 학습지나 강의의 도움을 받기 위해 사교육 기관에 상담을 받으면서 깨달은 사실이 있다. 대부분의 사교육 기관은 첫머리에 공통적으로 '학교에서는 기대할 것이 없다'라는 말로 학부모의 불안감을 조성한다. 요즘 교육과정은 점점 어려워지는데 학교 선생들은 대충 한다. 그러니 우리 기관의 도움을 받지 않고 아이가 이 땅에서 공부해 나가기 어렵다는 이야기이다. 듣고 있자면 참 복잡한 마음이 솟아오른다. 하지만 싸우고 싶은 생각이 조금도 들지 않음은 결국 받지 않았어도 될 상담을 받았기에 박쥐 같은 회색분자로서 당연히 치루어야 할 대가라는 생각이 들어서이다.

계획이 치밀하면 할수록 '배움'과는 멀어진다는데, 사교육기관은 치밀하고도 치밀하게 아이의 성적을 올려주겠다고 하니 애당초 출발점 자체가 다른 것을 어찌하겠는가? 자본주의 사회에서 사교육은 그야말로 '시장'이고, 시장에서는 눈에 보이지 않는 것을 거래하는 것을 꺼릴 수밖에 없다. 애써 번 내 돈을 주었는데 무엇을 샀는지도 알 수 없다면 돈을 주고 싶지 않은 것은 당연한 것 아닌가? 눈에 보이는 것은 성적이다. 문제는 성적이 교육 전체라고 생각해서는 절대 안 되는데 다들 그렇게 착각하도록 만든다는 점이다. 어떻게 시험 점수가 교육인가?

난 항상 점수로는 최고가 되지 못했다. 덜렁대고 실수하고 머리가 나쁘다는 생각을 학창시절 참 많이도 했다. 그래도 순간 집중력이 좋고 순종적이어서 공부를 못하진 않았지만, 늘 자격지심에 시달렸다. 많이 애썼기 때문이다. 늘 애쓰는데 황당한 곳에서 문제가 생겨 시험으로 최고가 되지 못했다. 그건 마흔이 된 지금도 마찬가지다. 기안문 하나 제대로 쓰지 못해 실수하고 아이들 채점 실수도 많이 하는 편이다.

하지만 지금 교사로서 실력이 부족하다거나 결격 사유가 크다는 인식은 스스로도 주변에서도 하지 않는다. 난 수많은 사람 앞에서 교육에 대해 스스럼없이 이야기할 수 있으며 언제 누구라도 나와 아이들 수업을 보러 와도 환영할 수 있다. 내 나름대로 성취기준을 해석하여 수업을 창의적으로 구성할 수 있고, 즐겁게 수업할 자신이 있다. 그런데 지금 내가 아이들을 가르치는 실력을 시험지로 확인한다고 하면 몇 점이 나올지 모르겠다. 아이를 가르친다는 것은 의사소통 능력, 관찰력, 창의적 수업 구성력, 융통성과 유연성, 인내심 등 다양한 능력이 요구된다. 이걸 시험지 한 장으로 평가할 수 있는가? 어디 교사만 그런가? 의사, 미용사, 연구원 등의 실력은 시험 점수로 평가할 수 있나?

사교육 기관은 돈을 받고 시험 점수를 올려주는 그것을 분명히 해주겠다고 하는 것이 정체성이다. 그런데 그 시험 점수를 올리는 것도 사람에게 하는 일이기에 당연히 아이의 총체적인 면을 봐야 하는데 당장 매달 돈이 입금되어야 하는 상황에서 시간이 너무 오래 걸리면 안 되니까 개개인에 대한 배려가 어려울 수 있다는 것이다.

교육은 누가 뭐라 해도 흔들림 없이 교육다워야 한다. 바르고 온전하게 살아갈 수 있도록 가르치고 배우는 과정이어야 한다. 아이들의 인권을 보호한다든지 미래 사회 아이들에게 어떤 능력이 중요하다든지 이야기를 하고 싶은 것이 아니다. 난 혁신학교가 다소 정치적으로만 인식되는 것이 불편하다. 본질적인 이야기를 하는 것이다. 사람이 어떤 존재이고 어떻게 봐야 하며 어떻게 자라야 하는지 반드시 고민해야 한다.

우리 학교에서 모든 학년에 걸쳐 가장 강조하는 프로젝트 주제 중 하나가 '생태'이다. 그에 대한 실천으로 모든 학년이 학교 텃밭 또는 상자 텃밭에 작물을 가꾼다. 어느 해에는 걸어서 20분 거리에 있는 인근 텃밭을 구해 2주에 한 번씩 반 아이들을 인솔해서 밭 갈기, 씨뿌리기, 지지대 묶기, 잡초 뽑기, 물주기, 수확 등을 1년 내내 지도했다. 생전 한 번도 식물을 가꾸는데 관심을 기울여 보지 않는 나는 시간도 많이 아까웠고, 힘도 들었다. 텃밭 작물이 2주에 한 번씩 가서는 관리가 잘 안 된다. 작물 수확에 실패하는 것은 수업에 실패하는 것이기에 나 혼자 새벽에 가서 물을 주고 지지대를 정리하며 열심히 가꾸어야 했다.

그런데 그렇게 1년을 보내면서 내 스스로 먹거리에 대한 인식이 변화했다. 또한 어찌 보면 텃밭 가꾸기는 내가 가르치고 있는 각 과목의 교과 내용과 가장 밀접한 활동일지도 모른다는 생각도 갖게 되었다. 그래서 이젠 해마다 동네 텃밭이나 베란다에 작물을 기르기도 한다.

우선 내가 가꾼 작물로 이런저런 요리를 해서 먹고 나누는 기쁨을 깨달았고, 이는 식단의 변화를 가져왔다. 그리고 하루가 다르게 무럭무럭 자라는 토마토, 상추, 가지, 감자, 고추 등을 보며 나와 아무 관계 없는 것 같은 거리의 식물과 밭작물이 내 관심 영역으로 들어왔다. 또한 그 식물의 자람은 어찌나 인간의 삶을 닮아 있는지 식물, 동물의 삶에 관심을 기울이지 않을 수가 없게 되었다.

배움은 결과가 아니라 전적으로 과정이다. 대체 인간이 언제 결과적으로 완벽해지는가? 대학병원 의사가 되면 인간이 완벽해지는 것인가? 대통령이 되면? 어차피 죽을 때까지 완벽할 수 없는 것이 인간이다. 그러므로 당장 한 달 동안, 1년 동안 매우 구체적인 목표를 정해서 거기에 도달하도록 하는 것이 교육에서는 큰 의미를 차지하지 않는다. 내가 죽음에 이르기까지 얼마나 온전한 과정을 거치는지 연습을 하는 그 자체에 배움이 있어야 한다. 그 추상적이고 이상적인 말들의 의미를 난 혁신학교에서 몸으로 호되게 깨달아갔다.

냉정도 열정도 아닌
소통의 중요성

나는 그때 아무것도 이해하지 못했어.
꽃의 말이 아닌 행동을 보고 판단했어야 했어.
내게 향기를 전해주고 즐거움을 주었는데, 그 꽃을 떠나지 말았어야 했어.
그 허영심 뒤에 가려진 따뜻한 마음을 보았어야 했는데,
그때 난 꽃을 제대로 사랑하기에는 아직 어렸던 거야.

• 생떽쥐베리, 어린 왕자 •

앞서 말했다시피 내가 혁신학교 생활을 처음부터 그리 즐거워했던 것은 아니었다. 힘겹게 아이를 키우고, 남들보다 이른 나이에 어머니를 보내면서 책을 읽는 데 즐거움을 느끼기 시작했다. 그 와중에 만난 책들이 혁신학교를 동경하게 했다. 사실 더 큰 동력은 우리 아들이 좀 더 편안한 분위기에서 공부하기를 바라는 욕심이 아니었을까 싶다. 어린 자녀 보육 때문에 초등교사는 자녀를 같은 학교에 데리고 다니는 경우가 많다. 너무 힘들어 휴직을 고민하다가 실질적으로 다양한 실천

을 하는 혁신 학교에 서류를 내어 어렵사리 발령받게 되었다.

큰 기대와 사명감을 가지고 혁신학교에 가서 6학년 담임을 하겠노라고 큰소리쳤지만 나의 어려움은 끝이 날 줄을 몰랐다. 혁신학교에 간다고 습관적인 내 교직 생활이 바로 바뀌지는 않았다. 우선은 자유로운 아이들을 대면하기가 힘들었다. 아이들의 솔직하고 자유로운 모습에 매일 벌거벗고 교단에 서는 것 같은 느낌을 받았다. 업무가 전혀 없기에 남들에게 인정받을 만한 업무를 맡아 나를 감출 수도 없었고, 너무도 솔직하게 자신의 감정을 드러내는 것이 익숙한 사춘기 아이들 앞에서 상처를 받곤 했다. 열정을 다한 수업에 무기력한 아이들을 보는 것이 힘들었고, 내가 열정을 불태울수록 받는 상처는 더 커져만 갔다. 당시 6학년 아이들은 초등학교 4학년 때부터 갑자기 혁신학교로 바뀌어 적응이 되지 않은 과도기였다고 생각도 해 보고, 우리 교육시스템에 대한 한탄도 많이 해 보았지만 그 공허감은 채워지지 않았다.

가장 고민했던 부분은 아이들의 '무기력함'이었다. 불성실하지도 않고, 크게 반항적이거나 못된 행동을 하지 않는데 너무 많은 아이들이 무기력해 보였다. 오히려 시험을 잘 보는 학생이 자율성을 요구하는 활동에 더 무기력함을 보이기도 했다.

지금 생각해보면 당시에는 건강한 공동체가 되어 서로의 관계를 회복하기까지 여러 미숙함과 어려움이 있었기에 더 심했던 것 같다. 또한 우리나라 청소년들은 어느 정도 무기력할 수밖에 없는 환경에 있다. 어린이집에서부터 종일 일정에 맞추어 지내야 했고, 학교에 들어가서는 방과 후 부모님 퇴근 시간까지 일정에 맞추어 각종 수업을 돌아야 하며, 틈나면 텔레비전이나 게임을 하는 아이들에게 자율성과 적극성, 창의성은 그다지 필요하지 않은 덕목이기 때문이다.

여튼 2년 연속 6학년 담임을 하면서 "10여년 간 난 교사로서 무엇을 했는가?"란 질문을 끊임없이 해야만 했다. 민주적인 회의 문화, 상벌과 임원이 없는 학교, 양질의 프로젝트를 함께 시도해볼 수 있는 학교, 놀이 시간이 확보된 학교였다. 지금은 많은 학교가 그렇지만 당시로서는 놀라우리만큼 혁신적인 학교 시스템이었는데 글쎄 융통성 넘친다고 자부하는 내가 따라가지 못했다. 그 당시는 그 원인이 나에게도 있다는 생각은 하지도 못했다. 학교 밖에서는 여전히 학원을 수없이 다니고, 학교 안에서는 자율적인 교육을 받는 아이들이 혼란스러울 거라 생각했다. 내가 선생님들과 함께 밤낮 가리지 않고 매일 토론하며 새로운 시도를 하는 엄청나고 대단한 노력을 기울이는데도 이를 알아주지 않는 아이들이 야속했다. 난 여전히 화가 많이 나 있었고, 아이들을 온전히 믿지 못했다.

결국 힘겹게 2년 간 6학년 담임을 하고 나서 큰 아이 3학년, 작은 아이 7살에 육아휴직을 했다. 남들은 내가 여유로워 놀고 싶어 쉬는 것으로 보였겠지만, 난 도저히 숨을 쉴 수가 없어 쉰 것이었다. 분명 삶에 '쉼'이라는 것은 정리와 함께 더 힘차게 나아갈 동력을 제공하기도 한다. 쉬는 동안 특별히 무얼 한 건 아니고 모든 걸 내려놓고 좀 더 신앙에 대해 깊이 생각하고, 책을 많이 보고, 아이들을 자세히 바라보았다. 그러면서 배움의 중심에 '소통과 이해'가 있어야 함을 깨달을 수 있었다.

나이가 들수록 인간의 불완전성을 절실히 느낀다. 모든 게 멋져 보였던 선배나 멘토들과 가까이 할수록, 완벽해 보이던 친구와 친해질수록, 힘겹게 노력하는 내 자신을 들여다볼수록 인간이라는 존재에 대한 긍휼이 느껴진다. 이제 위인전이나 자서전을 보면서도 저런 일을 하기 위해 보이지 않는 결핍이 얼마나 컸을지 상처는 얼마나 많았을지 절로 생각하게 된다. 아닌 척 한다고 아닌 게 되는 것이 아니고 내가 죽도록 노력한다고 다 될 수 있는 것이 아닌 단순한 진리를 오래도록 인정하지 못했다. 결국 내 한계를 인정하고 함께 배워가는 자로서 진심으로 배울 대상과 배울 내용과 소통하는 것이 먼저였다. 무언가 되지 않는다는 느낌은 그 '소통'을 뒤에 두고, 결과만 좋길 바라는 내 욕심으로 인한 것이라는 생각이 들었다.

'서당 교육, 오래된 인문학의 길'을 보면 서당 교육에 관한 이야기가 실려 있다. 이 책의 저자는 일곱 살 때 전라도 산골 서당에서 스무 살이 넘어서까지 댕기머리를 한 채 서당교육을 받은 분이다. 어지간한 신념이 아니고서야 쉽지 않은 일이다. 그 부모는 왜 그런 선택을 했으며 그 아이들은 어떻게 그 상황을 자연스럽게 받아들이고 순종할 수 있었을까?

언뜻 생각하기에 서당 교육은 현대 교육의 방향과 역행하여 단순 암기와 강압에 길들여질 것 같다. 그러면서도 사람들이 방학 기간 등을 이용해 청학동 같은 서당 수련원에 내 아이를 보내도 좋겠다는 생각을 하는 것은 예의범절을 배우고 가정의 소중함을 깨닫게 하는 것. 다소 교육 기관의 본질과는 거리가 먼 이유다.

책에서 머리를 쳤던 많은 대답 중 첫 번째는 서당은 제자가 스승을 선택하고 스승이 그를 받아들이는 과정이 있다는 것이다. 선생님들에 대해 알아보고 자신에게 배움이 있을 것 같은 사람을 선택해 기대와 희망을 가지고 관계를 시작한다는 것. 그 안에는 분명한 철학의 공유, 자율과 책임이 존재한다. 새학기마다 복불복 상황에서 떨리는 마음으로 담임 선생님 배정을 받아들여야만 하는 학교 시스템과 시작에서 많은 태도의 차이를 만들어 낼 수밖에 없는 것이다.

또한 시간표가 없는 서당에서는 자연의 흐름, 개인의 컨디션에 맞추어 공부 시간을 조정할 수 있다. 시간표가 완고할수록 수업을 명령하는 기능이 되어 몰입정하며, 무엇보다 학생들을 배움으로부터 소외시키게 된다는 것이다. 7살부터 스무 살이 넘는 학생이 한 공간에서 스스로 공부할 내용을 계획하고 개별화 수업을 한다는 점 또한 소통을 이루지 않을 수 없게 하는 시스템인 것이다.

그밖에 논어 구절 하나로 깊이 소통하며 배움의 목적까지 깨달음을 얻는 과정 등을 통해 서당 교육이 배움과 삶이 일치되기 좋은 여건이라는 부분도 인상적이고 재밌었다.

나 또한 원하는 아이들을 받아 우리집을 배움터로 만들며 자연스럽게 소통의 장을 만들어 가는 법을 배웠다. 내 아이와 동네 아이 하나하나를 자세히 들여다보며 학급 운영을 집단으로 보고 전체적인 목표를 정해 놓는 것이 생각보다 큰 의미가 아니라는 생각을 하기 시작했다.

아이들을 개개인으로 보며 소통이 일어날 때 배움이 온전히 일어나며 아이도 나도 성장한다는 것을 어렴풋이 이해해 나갔다.

이 소통은 나와 아이들과의 소통, 아이들끼리의 소통, 아이들과 책, 놀이 주제와의 소통이 포함된다. 내 계획과 관계없이 아이들을 자세히 보고만 있어도 아이들은 내가 그토록 열정을 부어 공들였던 프로젝트 학습을 해 나간다는 것을 알 수 있었다. 아이들은 계절과 자신의 관심사에 맞추어 오목, 그리기, 책만들기, 각종 체육활동 등을 한동안 빠져 진행해 나갔다. 그것을 지켜보고 충분히 그 분야를 즐길 수 있도록 장소 및 시간을 제공하며 더불어 관련 책을 들이밀어 주는 것이 내 역할의 전부였다. 한 때는 아이들이 밤낮 곤충 이야기만 하여 결국 동네 산이나 곤충 가게를 가는 것이 일과가 되기도 했다. 그때는 곤충백과를 이것저것 구비해 놓았고, 아이들은 신나게 보며 그림도 그렸다. 날 좋을 때는 매일 놀이터에서 자기들이 개발한 놀이를 했다. 그러면서 허구한 날 싸우길래 '싸움 대장'을 비롯한 친구 갈등에 관한 책을 진열해 놓고 같이 읽었다. 그러면 아이들 대화 중에 책 속 등장인물의 이야기가 종종 들린다. 일상에서 친구들과 책을 매개로 소통하는 것이다. 너무 심심하니 게임이나 영상을 허락해 달라고 조르면 함께 '게임 파티'를 읽으며 토론했다. 그러면 자기들끼리 다른 놀이 프로젝트를 찾아 아이디어 회의를 한다.

6학년이 된 우리 아이가 친구들과 놀 때 게임만 하지 않고, 놀이터, 수영장, 산, 자전거도로, 극장 등 매번 토의해서 스스로 다양한 곳을 다녀오는 선택을 할 수 있음은 3여년 간 소통의 과정을 겪으며 얻어진 힘이라고 생각한다. 커갈수록 학교가 즐거워지고, 점점 늘어나는 공부양에 대한 저항감도 없이 매일 스스로 열심히 해주는 것도 그 힘일 것이다. 물론 어릴 때 많이 시키지 않아 지금 하는 공부양이 남들보다 많은지는 모르겠다. 아직 사춘기의 절정체 중등시절이 도달하지 않은 상황에서 교만하게 단정 지으면 안 되지만, 건강한 놀이 공동체가 있고, 매주 가정에서 소통의 장이 만들어지기에 난 우리 아이의 사춘기가 크게 두렵지 않다.

어떤 교사가 될 것인가?

일찍이 새 학년 배정을 끝내고 지난 12월에 새로운 학년 선생님들이 모여 학년 운영의 큰 틀에 대해 협의했다. 지난해 시행착오를 바탕으로 문제점을 보완하며 희망찬 출발을 각오하고 있는 찰나에 그동안 교사로서 해 온 고민들이 고스란히 제시된 책을 만났다. 이 책은 교육학이나 교수법에 대한 관점을 제시해주고 교사들 간 토론이 이루어질 수 있도록 구성되었다. 책 곳곳에 있는 사례들이 교사라면 누구나 고민해 봤음직한 혹은 고민해 보아야 하는 지점을 짚어준다.

가르침에 대해 이야기하기 위해 세 가지 접근 방식을 제시하였다. 가능한 최고의 테크닉을 활용함으로써 학생들에게 성과를 낳게 하고자 하는 관리적 접근, 학생들이 교실로 들어오는 것을 매우 귀중하게 여기며 학생 개개인이 인격적으로 성장하고 또 높은 수준의 자아실현과 자기이해에 도달하도록 도와주는 촉진적 접근, 학생들 마음을 자유롭게 열어주고, 그들을 인류의 지식 세계로 입문시키며 그들이 전인적이고, 유식하고, 도덕적인 인간존재가 됨을 도와주는 자유주의적 접근이다.

물론 많은 교사들이 혼합된 접근 방식을 활용하고 있을 것이고 교사 유형을 이 세 가지로 나눌 수는 없지만, 이 세 가지 접근 방식에는 많은 생각거리가 담겨 있다. 나는 교사 초창기 시절에는 관리적 접근을 하고자 무던히도 애썼던 것 같다. 그러다가 아이를 가지면서 촉진적 접근의 비중을 높이게 되었고, 시일이 지나면서 연령이 어린 초등학생에게 이 방식이 맞는지 고민을 하게 되었다. 아이의 자율성에만 맡겨둘 경우 옳지 않은 선택을 하게 되고, 지식적인 측면의 소홀로도 연결되기 때문이다. 촉진적 접근의 한계를 느끼며 자유주의적 접근의 비중을 높여가려고 애쓰지만 이 또한 다수의 학생이 있는 교실에서 지식 세계에 관심이 많은 소수 학생에게만 유익하다는 생각이 들기도 한다. 그리고 내 자신이 각 학문별 지식 습득의 방법을 예시로 보여주기에 부족한 점이 많다.

"세상 모든 일이 그렇듯 가장 좋은 방법이 한가지라면 굳이 토론을 제안하지도 않았을 것이다. 끝머리에 글쓴이는 교직에는 경이로움과 보상의 기회가 있다고 하며 다음과 같이 이야기한다.

교직에서 보상은 우리 학생들을 위해서 할 수 있는 일이 생기고, 또 우리 자신을 위해서 할 수 있는 일이 생긴다는 것이다. 이런 성찰에 마음을 열고, 가르침이 선물인 것처럼 받아들이고 정성을 기울인다면 아주 귀중한 것을 얻게 될 것이다. 이는 우리 자신을 늘 새롭게 가꾸어 가고, 우리가 교사로서, 또 인간으로서 되고 싶은 존재에 더욱 가까워질 수 있음을 가리킨다."

-『가르침이란 무엇인가』,G, D. Fenstermacher, J. F. Soltis 저 ,교육과학사, 2009.

담대하게 전달하기

갈수록 상담기간이 고민스러운 시간이 된다. 사실 뻔하지 않은 이야기를 하고 싶은데, 교사와 다른 교육철학과 관점을 가지고 있는 사람들과 대화할 때는 매우 조심스럽다. 그 '다름'이 아이의 문제를 해결하는 관건이 된다고 여겨질 때는 전달을 위해 노력하지만, 답답함을 느끼기도 한다.

교육을 하는 데 구성원의 의견을 모아가는 것, 타협하지 않아야 할 중심을 결정하는 것 모두 중요한데 그 사이에서 늘 고민하게 된다. 최근에 '불온한 교사 양성과정'이라는 책을 읽으며 같은 고민을 하는 이들의 이야기를 들었다. 젊은 교사를 불온한 교사로 양성하기 위한 다소 파격적인(?) 강의를 하여 그 내용을 책으로 엮은 것이다.

책을 읽으면서 좀 편안해질 수 있었던 건 언제든지 그만둘 수 있다고 생각하고 교사생활을 하라는 부분이었다. 예전에는 당연히 정년까지 교직에 있어야 한다고 여겼다. 때문에 '승진을 하지 않을 수 없겠구나'라고도 생각했었다. 그런데 그 부분을 놓아야 내가 자신에게 솔직하게 소신 있는 교육을 할 수 있다고 생각했다. 능력주의에서 벗어나 '무능해도 괜찮다'고 생각할 수 있어야 한다는 것, 매 순간 쩔쩔매는 교사가 되어야 꼰대가 되지 않을 수 있다는 이야기 등도 많은 공감을 불러일으켰다.

물론 모든 게 쉽지 않으리라는 것을 잘 알고 있고, 사람이 쉽게 변하지 않는다는 것 또한 뼈저리게 느끼고 있다. 또한 우리 사회에서 내가 편안한 삶을 살아가고 있는 편에 속하기에 이런 말을 할 수 있을지도 모른다는 것도 알고 있다. 하지만 내 안의 소리에 귀를 기울이고 그대로 담대히 행동하는 것이 맞다는 생각이다. 돌아오는 학부모 상담에서도 내 온 귀와 마음을 열어 잘 듣고, 아이들을 향한 내 진심이 전달되기를 기도해 본다.

- 『불온한 교사 양성과정』 홍세화 외, 교육공동체 벗, 2012.

3

책과 함께
놀기 시작한 아이들

누구든, 하지만 반드시
친구를 데리고 와!

집이 당신을 위해 존재하는 거지.
당신이 집을 위해 존재하는 것이 아닙니다.
아이들의 상상력을 키워주려면 너무 쓸고 닦지 마십시오.

• 박혜란, 믿는 만큼 자라는 아이들 •

큰 아이 3학년 때 육아휴직을 해 놓고 집에 있으니 아들이 자세히 눈에 들어왔다. 왜 친구들과 어울리지 않고 혼자 나뭇가지를 들고 학교를 돌아다니기를 선택했을까? 왜 그렇게 학원 생활을 어려워할까? 내가 열심히 읽어주는데 왜 책을 좋아하지 않으며 수업 시간에 집중하지 못할까?

고민 끝에 3월이 되면서 모든 학원을 그만두고 하교 후 바로 집으로 오게 했다. 아이는 하교 후 집에 들어오는 것을 정말로 즐거워했다.

어차피 학교는 끊을 수 없는 곳이니 견디는 느낌이었고, 오후에 나와 간식을 챙겨먹으며 산책하는 것이 정말 즐거운 듯했다. 처음에는 근처 미술관, 연극 공연 등에 데리고 다니기도 했지만 비용 및 생활 리듬 문제로 자주 할 수 없었다. 무엇보다 아이가 집을 가장 좋아했다.

그런데 아이는 자주 심심하다는 문제에 봉착했다. 내가 유아 시절부터 집에서 가만히 스스로 시간을 보내는 생활에 적응시키지 않고 많은 자극에 노출시킨 까닭도 있을 것이다. 아이는 간식을 먹고 나면 몇 분을 못 견디고 바로 심심하다고 말했다. 매일 오후 1시 혹은 2시 30분부터 저녁까지 내내 심심하다는 말을 들어야 한다고 생각하니 이건 아니었다.

그러던 어느 따뜻한 봄날, 집 앞 놀이터에 아들을 보내 너랑 비슷한 또래의 친구에게 말을 걸어 죄다 데리고 오라고 시켰다. 몇 주 후 아들은 놀이터에 오래 머무는 동갑내기 남자 아이 두 명을 정말 데려왔다. 부모님 없이 오랫동안 놀이터에 머무는 아이들은 집에서 철저히 관리되는 아이들보다 자유로울 확률이 높았다. 정말 그들은 비교적 시간이 자유로웠다. 그렇게 집에 온 아이들은 어딜 데려가도 무엇을 해도 즐거워했다. 학교 끝나자마자 친구들을 만나기 전에 영어책 한두권을 보고 수학 문제집 2쪽을 풀기만 하면 나머지는 알아서 시간을 운영하게 했다. 간식 먹고 놀이터에서 놀고, 그림 그리고 함께 방방장, 도서관에도 갔다. 종종 아이들이 늘어나기도 하고, 싸우기도 했지만 모두가 평안하고 즐거운 시간이었다. 어차피 안 들어가는 학원비, 친구들과 즐거운 시간을 보내는 데 쓰기로 결심하니 비용이 그렇게 아까운 것 같지도 않았다.

컴퓨터, 게임, 텔레비전만 통제했음에도 아이들의 삶은 자연스레 프로젝트 학습이었다. 처음 한 달은 각자 좋아하는 소재의 책 만들기에 몰두하다가 보드게임, 체스만 한동안 하기도 하고 곤충탐구에 몰두하기도 한다. 한 주제에 몰두할 때 관련 서적을 주면 외우도록 그 책만 보고 관련 활동들을 해내며 종일을 보낸다. 물론 놀이터에서 살기도 하고 한동안은 멍 때리기도 하지만 모든 시간이 다음 프로젝트를 위한 준비인 것 같았다. 아이의 학교 생활은 좋아지고 아이와 나의 만족도 또한 높아졌다.

이게 가능한 것은 학원을 보내지 않고 종일 내게 아이들을 보내주는 부모님들이 있었기 때문이다. 서로 믿고 함께 하지 않으면 애당초 불가능하다. 답답한 것은 난 곧 일을 해야 하는데 내가 일을 할 때 이 그림이 그려지기 참 힘들다는 사실이다. 이 시도를 할 수 있는 나의 상황 자체가 축복이란 현실을 인정했다.

공릉동 이야기가 담긴 '우리가 사는 마을'을 보면 이러한 생각을 한 사람들이 모여 만든 청소년센터를 볼 수 있다. 마을이 가장 큰 학교라는 생각 아래 주민들이 도서관에 만들어진 청소년센터를 활용하여 청소년들이 자발적으로 다양한 시도를 하고 놀이를 할 수 있는 공간으로 만든 사례를 풀어놓고 있다. 이 공간에서 도서관, 구청은 지원자이며 자녀를 맡긴 부모들과 청소년들이 주체이다.

말이 쉽지 결코 소통과 토론은 우리에게 익숙하고 쉬운 일이 아니다. 우리는 3시간 이야기했는데 결론은 '어쩔 수 없다.'인 경우를 끊임없이 만나야 한다. 하지만 분명 이 과정은 아이도 어른도 크게 성장시킨다. 다만 그 소통의 지리한 과정을 참아내는 사람만이 행복과 깨달음을 느낄 수 있다. 우리 공동체 각 개인의 입장을 충분히 이해할 수 있게 되고, 서로의 요구를 맞추려는 다양한 노력을 게을리할 수 없게 되기에 그렇다. 모두가 행복하기 위해서는 각 개인이 어느 정도 이타심을 발휘하여 희생과 헌신을 해야 함을 가장 잘 배울 수 있는 것이 공동체이다. 난 인간이 각 개인의 역량을 가장 극대화 시킬 수 있는 힘도 공동체의 소통과 협력에 있다고 생각한다.

그렇게 가정 놀이터를 만들고 아이를 지켜보며 난 우리 아이가 관계를 맺는데 시간이 필요했다는 것을 깨닫게 되었다. 1,2학년 학교에서 놀이 시간을 보낼 때는 탐색을 주로 하며 관찰하는 시간을 가졌을 것이다. 자신을 인식하고 어떻게 관계를 맺어가야 하는지 고민할 수 있는 3학년이 되어 마침 편안한 장소인 가정에 장이 열리고, 오후 내내 함께 보내는 친구를 만들면서 친구들에게 정말 많은 애정과 관심을 쏟았다. 모든 것을 줄 듯 했고, 그들과 너무나 행복해했다. 우리집에 오는 아이들의 성적과 가정형편, 부모님의 직업은 별로 중요하지 않았다. 우리 아들이 선택한 친구였고, 아이들 각각은 친구의 좋은 점이나 문제점을 객관적으로 바라보며 스스로 성장할 수 있는 기회를 만들어 갔다.

많은 부모들이 친구가 중요하다며 가려 사귀기를 바라지만 실상 아이들은 자신들이 좋아하고 잘 맞는 친구와 가까이 하게 마련이고, 그 과정에서 서로를 바라볼 수 있다. 나 또한 한때 친구들에게서 욕을 배우지 않을까 거친 행동을 배우지 않을까 걱정했지만 아이들은 놀라우리만치 분별을 해 나간다. 물론 곁에 옳고 그름을 잡아주는 어른이 있고 없음은 중요하다. 간섭하는 어른이 아니라 믿고 지켜봐주며 중요한 부분에서 소통하여 바로잡을 수 있는 어른, 본이 되는 어른이어야 좋은 영향을 미칠 것이다.

우리 집에서는 뭐든지 할 수 있어

어린이의 뜻을 가볍게 보지 마십시오.
어린이는 어른보다 한 시대 더 새로운 사람입니다.

• 소파 방정환 •

우리 집에서는 뭐든지 할 수 있었다. 먹고 싶을 때 먹을 수 있었고, 재미있는 보드게임도 많이 사놓았다. 함께 의무적으로 해야 할 과제 같은 것은 주지 않았다. 섣불리 무엇을 같이 하자고도 하지 않았다.

하지만 처음부터 강하게 내건 조건이 있다. 우리 집에서는 컴퓨터, 텔레비전, 휴대폰을 만질 수 없다고 했다. 우리 집 텔레비전을 함부로 건드리면 절대 안 되고, 게임을 하기 위해 우리 집에 모이는 일은 있을 수 없다고 했다. 실제로 그 해 집에서 텔레비전을 보게 하는 일은 한 번도 없었다. 하지만 별로 간섭하지 않고, 맛있는 것도 많이 주고 워낙 친절한 동네 아주머니기에 아이들은 쿨하게 내 요구를 수락했다.

강력하게 그 한 가지를 요구한 데는 나름의 생각이 있었다. 이 아이들이 내가 집에 있는 1년이 아니라 앞으로 2년, 5년 만나서 우정을 나누고 무언가 함께 하려면 아이들 놀이 문화 형성에 지대한 영향을 미치는 미디어 통제는 무엇보다 우선시 되어야 한다고 생각했다.

사실 당장 수학 성적이 안 나오고, 책을 잘 안 읽고 매일 놀려고 하는 것은 초등학생으로서는 흔하게 있는 일이다. 어찌 보면 세상을 몸으로 탐색해 나가는 아이들에게 당연한 일이다. 그러나 미디어로 소통하고 미디어로 놀이만 하는 것이 몸에 배었다면 이건 아주 다른 문제다. 초등학교 시절 미디어와 친한 것은 면대면 소통을 방해하고, 문제를 직접 몸으로 해결해 나가는 연습을 막으며, 실수나 잘못을 돈으로 해결하려는 태도를 익히게 할 여지가 있다.

어린 나이에 옳은 것과 그른 것을 경험과 정제된 이야기들로 판단할 수 있게 해야 한다. 그런데 나는 암암리에 텔레비전에서 흘러나오는 수많은 자본주의의 속성들이 직접 경험과 양질의 정보에 의한 판단을 흐릴 수 있다고 믿었다. 그리고 미디어와 보내는 시간은 학년이 올라가면 당연히 늘어날 것이다. 어린 시절부터 여가 시간을 자극적인 컴퓨터와 길게 보내는 게 습관이 되면 별로 재미없지만 견뎌야 하는 삶의 기본적인 것들을 해보지도 못하고 안 하고 싶은 것으로 만들 수 있다. 사람들과 이야기하는 것, 함께 무언가 하면서 갈등을 해결해 나가는 것, 책을 읽는 것, 몸을 다양하게 움직여 보는 것 등을 별로 해보지도 못하고 더 재미있는 게임에 빠져들게 하면 안 된다고 생각했다.

즉, 나중에 뭔가 해 보려는 의지가 생기고 결심이 생겼을 때 실천할 수 있는 기본 준비를 망쳐놓는 것이 미디어로 길들인 아이가 아닐까 생각했다.

4차 산업혁명 시대 이 아이들에게 미디어를 피할 수 없다는 것은 전적으로 동감한다. 하지만 디지털 원주민인 이 아이들이 적어도 몸으로 학습하는 초등학교 시절에는 인간의 몸을 입은 이상 인간으로 살아가기 위한 기본적인 것을 배워야 한다.

휴직하며 집에 아이들이 들락거릴 때, 우리집 거실과 방에는 큰 가구가 거의 없었고 좌식생활을 하고 있었다. 그 흔한 소파와 식탁도 없는 거실에 매트를 깔고 뒹굴며 뭐든지 하고 놀다가 그리거나 쓰고 싶으면 상을 펴 주었다. 방에도 침대가 없고 옷장 등이 많지 않아 자기들끼리 들어가 실컷 어지르며 놀 수 있었다. 미리 계획한 건 아니지만 여러 명의 아이들을 부르기에 좋은 여건이었다. 더구나 내가 용감하게 아이들을 불렀던 것은 내가 집에 가족이 아닌 사람이 득실거려도 별로 스트레스를 받는 성격이 아니었기 때문이다. 정리정돈에 큰 관심도 소질도 없는 나는 누가 온다고 열심히 집을 치우는 일 같은 건 하지 않는다. 그냥 대충 민망하지 않을 정도로만 치운다. 늘 깔끔한 집에 있는 아이들은 우리집에 오면 너저분하다고 한마디씩 하기도 한다.

그러다가 책모임에 재미가 붙고 아이들 덩치가 커질 때쯤 이사를 하게 되었다. 아이들이 커가며 입식 생활의 필요성을 느껴 터전을 옮기면서 거실 한가운데에는 8인용 긴 테이블을 놓았다. 이사할 때 집을 고르는 기준도 거실 물건 배치의 모든 이유도 책모임에 맞도록 했고,

우리집 거실은 매우 자연스런 소통 공간이 되었다. 사실 남들이 보기에는 정말 거실에 적합하지 않다고 생각하는 너저분한 것들이 다 거실에 있긴 하다. 긴 테이블과 책꽂이들 책상 2개와 PC, 놀잇감들이 다 거실에 있으니. 큰 아이가 6학년이 되며 아이들과 비밀 이야기를 할 때 자기방에 데리고 들어가기는 하지만, 우리집 거실은 주 3-4회 이상 동네 아이들의 놀이터이고, 우리 아이들의 주활동공간이다.

6학년이 된 아들은 지금도 생에서 가장 행복한 순간을 3학년으로 떠올리며 그 시절이 참 좋았다고 종종 말한다. 방과 후 여유 시간이 훨씬 많았고, 엄마도 여유로웠던 그때가 좋았던 모양이다. 그때에 비해 내가 너무 바빠진 것에 살짝 미안하면서도 여전히 휴대폰 게임보다 친구랑 모여 수다 떨고 노는 시간을 훨씬 즐거워하는 아들을 보며 감사하기도 하다.

심심하니까 책 읽고 싶어요

세상은 사야 한다고 날마다 떠들어대지만
아이들은 사주지 말아야
맨손과 맨발이어야 아이들로 자란다
사지 말아야 놀이는 시작한다
뭐가 없어야 놀이는 시작한다
심심해야 놀이는 시작한다
사지 않고 사주지 않고 아이를 키울 수 있어야 한다

• 편해문, 아이들은 놀이가 밥이다 •

두세 달쯤 지났을까? 우리 집에서 실컷 놀던 아이들 입에서 심심하다는 말이 나오기 시작했다. 놀이터에서 실컷 놀고, 배불리 간식을 먹고 나면 '이젠 뭐하지?'란 말이 저절로 나왔다. 실컷 놀다가 집에 들어와 심심하면 하는 일이 그림 그리기나 책 만들기, 보드 게임 등이어서 한 동안 못 들은 척 그냥 놔두었다.

햇살이 뜨겁고 밖에 나가기 싫으니 집에 있으면서 심심하다고 하는 날이 늘어나길래 내가 한마디 던졌다.

"얘들아, 책 읽어 볼래? 이번에는 그냥 아무 때나 읽어주는 게 아니라 어린 왕자가 여우를 기다리듯이 시간을 정해서 함께 만나 이야기를 하는 거야. 1주일에 한 번씩 시간을 정해 만나 읽고 싶은 책을 읽고 이야기를 나누는 거지. 어때?"

난 떨리는 마음으로 제안했다. 내 아들을 포함하여 책모임을 그리 즐길 것 같은 성향의 아이들이 아니었기 때문이다. 그런데 심심한 아이들은 뜻밖에 매우 쿨하게 하고 싶다고 답해주었다.

그렇게 나의 책모임은 시작되었다. 백화현 선생님의 '책으로 크는 아이들', '도란도란 책모임'을 만나며 본격적으로 가정 책모임의 형태를 고민해 오던 차에 마침 인근 도서관에 김은하 선생님께서 오셔서 '처음 시작하는 독서동아리' 책을 소개해주신 자리에 참석했었다. 실천해 보고 싶었는데 아이들이 선뜻 나서준 것이다. 아이들과 신나게 모임 이름을 정하고 규칙을 정했다. 김은하 선생님의 '처음 시작하는 독서동아리' 방식을 따랐지만, 중등 아이들 중심의 사례인 경향이 있어 초등에 맞는 형태를 고민해야 했다. 결국 특별한 틀을 만들기보다 중등 이후에도 책을 통해 삶의 지혜를 얻는 아이가 되려면 무조건 책이 좋아야 한다는 생각을 하기에 이르렀고, 초등에서 해야 할 전부는 책모임을 가고 싶게 해주는 것이었다. 좋은 공간과 시간 속에서 책모임이 삶속 하나의 리듬이 되도록 해주는 것이 가장 중요하다고 생각했다.

그 해 내친 김에 우리 학교 아이들 몇 명을 모아 책모임 하나를 더 열었다. 우리 딸 유치원 아이들도 모아 교회에서 책모임을 열기도 했다. 재미있고 좋아서 우리 아들 반 단톡방을 통해 선착순 7명을 모아 책모임을 연이어 또 열었다.

덕분에 휴직 기간이 그리 여유롭지는 않았지만, 함께 모여 책 읽는 것을 싫어하는 아이가 없다는 것을 알았다. 그리고 아이들은 어른들이 말하는 훌륭한 사람이 되기 위해 책모임을 하는 게 절대 아니라는 것도 알았다. 우리 집에 오면 간식이 있고, 마음껏 수다 떨 수 있으며, 책을 한 시간 읽으면 두 시간 놀 수 있기 때문에 온다는 사실을 정확히 알 수 있었다. 아이들은 자신들이 책을 매개로 놀고 있다는 사실을 느끼지 못한 채 기쁘게 놀기 위해 우리 집에 왔다.

아이들의 책읽기는 대체로 여가 시간의 최후의 보루이다. 정 심심하면 책을 들게 되는 경우가 많다는 이야기다. 물론 모든 일의 우선순위가 책인 아이들도 제법 보긴 했지만 일반적이지는 않다. 또한 그런 아이인 경우 그걸 대견해 할 수도 있지만, 균형적인 발달을 위해 유심히 살피기도 해야 한다.

뭐든 잘 하고 싶은 3학년 내 딸은 배우고 싶은 것도 많다. 하지만 난 그 아이에게 가급적 4-5시 넘어서 무언가 배워야 하는 상황이면 시키지 않으니 정 더 배우고 싶으면 몇 년 기다리라고 말을 한다. 우선은 스스로 하루를 돌아보고 집에서 빈둥거릴 시간을 확보하는 것이 중요하다고 생각했다. 아침 9시부터 모든 활동을 잘 하려고 애쓰는 아이에게 저녁까지 수업을 지속하라는 것은, 나에게 수업을 하루 8시간 이상 하라는 것이나 마찬가지다. 하루 6교시 수업이 끝나도 때로 기운이 다 빠지는 듯한데 아이에게 저녁 늦게까지 수업을 받으라고 하는 것은 말도 안 된다는 생각이 들었다. 또한 저녁에 빈둥거리며 책 읽는 게 기쁨인 아이에게 책 읽을 시간을 빼앗고 싶지 않아 심심할 여유를 준다. 하루 종일 학원에 갔다가 저녁 7시 넘어 집에 들어왔는데 거기다 대고 책을 읽으라고 들이미는 것은 정말로 책을 사랑하는 아이가 아니라면 오히려 책을 싫어하게 만드는 원인이 될 수 있다.

아들의 책모임은 3년 넘게 큰 즐거움으로 유지되고 있다. 최근의 딸 친구 책모임을 새로이 만들어 딸과 친구들도 아주 신이 났다. 3-4학년은 처음에는 원하는 책을 가져와서 자유롭게 소개하고 읽는 방식을 선택하다가 5-6학년 글의 양이 많아지면서 함께 읽어나가는 방식을 선택했다.

모임 인원 6-7명을 꾸릴 때 아이들이 원하는 사람끼리 모이라든지 공부 잘 하는 아이들을 수소문해서 모이게 하지 않았다. 그냥 형편 되는대로 선착순대로 원하는 친구들을 모아 모임을 만들었다. 그 이유는 다양한 친구들이 모여 생각을 공유하고 갈등이 있더라도 그걸 해결해 나가는 과정이 삶의 큰 자양분이 될 거라 믿었기 때문이다. 다만 오래 갈 것을 생각해서 성별을 섞지는 않았는데 지금 생각하면 성별이 섞여도 좋았을 것 같긴 하다.

아이 사춘기가 다가오며 생각이 조금 바뀐 부분은 있다. 처음 그 멤버가 좋든 싫든 서로 보듬으며 고등학생까지 함께 가는 것이 큰 배움이라고 생각했는데 지금은 좀 다르다. 아이들도 주견이 자라며 또래 집단을 선택한다. 따돌림이 아니라 그냥 자신에게 맞는 사람을 선택하여 논다. 그건 나도 마찬가지다. 뜻이 맞고 서로 이야기가 잘 되는 사람과 오래 자주 있고 싶은 것은 너무도 당연하지 않나. 그런 측면에서 커가며 자신과 생각과 행동 방식이 많이 다른 친구들끼리 힘들어하는 경우가 생기기도 했다. 오히려 책 읽는 것이 편하고 끝나고 친구들과 시간을 보내는 것이 힘든 아이도 있다. 어떤 경우든 서로 받아들이라는 것 또한 강요가 될 수 있겠다 싶어 그것 또한 서로 이야기하며 열어두기로 했다.

하지만 가족처럼 오랜 시간 함께 보낸 아이들은 함께 하기 위해 무던히 노력한다. 이렇게 3년의 세월을 보낸 공동체는 생각보다 서로 살피는 힘이 세진다. 나와 다른 행동과 말에 대한 관용이 커지고 서로 이해하려고 애쓰는 상황을 많이 목격한다.

생각해 보라. 별난 사춘기 남자애들 5-7명이 모여 놀다보면 좌충우돌 별 일이 다 있다. 그래도 이 아이들에 대한 우려가 적음은 서로 가치를 공유하고 수많은 이야기를 함께 담았기 때문일 것이다. 학교와 가정에서 여러 어려움이 있더라도 책모임 친구라는 울타리, 공동체가 있다는 것이 힘이 되어 주길 바랐다.

사실 책모임에 보내는 부모님은 나와 같은 마음이 아닐 수 있다. 책을 읽고 '토론'을 연습하니 학원 하나 더 보내는 느낌일 수도 있다. 나또한 내 아이들이 읽고 토론을 잘 하길 바라니 그 또한 전혀 이상할 것이 없다는 것을 안다.

그런데 아이들과 만나면 만날수록 나는 가르친다는 생각보다 내가 배운다는 생각이 자꾸 든다. 아이들 독서력을 높이기보다 내가 저 아이들의 울타리가 되어 주고 좋은 길들을 보여주는 방법을 고민하게 된다. 저 아이들이 진심으로 사랑하는 법을 깨닫고 커서 주변에 전할 수 있으면 정말 좋겠다는 생각이 자꾸자꾸 든다.

아무 책이라도 좋다,
건너 뛰어도 좋다

아이들은 책을 읽지 않을 권리, 건너뛰며 읽을 권리,
책을 끝까지 읽지 않을 권리, 책을 다시 읽을 권리,
아무 책이나 읽을 권리, 아무 데서나 읽을 권리,
군데군데 골라 읽을 권리, 소리 내서 읽을 권리,
읽고 나서 아무 말도 하지 않을 권리를 가지고 있다.
누구도 아이들에게서 책의 즐거움을 뺏을 권리는 없다.

· 다니엘 페나크, 소설처럼 ·

프랑스의 유명작가이자 30년 경력의 국어 교사인 다니엘 페나크는
말한다.

"읽다'라는 동사에는 명령법이 먹혀들지 않는다. 이를테면 '사랑하
다'하든가, '꿈꾸다'같은 동사들처럼, '읽다'는 명령문에 거부 반응을 일
으키는 것이다."

경험에 의해 '읽다'라는 명령문에 효과가 크지 않음을 알면서도 독서의 중요성 때문에 우리는 줄기차게 시도한다. 각종 독서퀴즈, 독서대회, 독서기록장, 독서통장, 독서발표, 독서 스티커...... 언제부턴가 때로 이것이 책과 더 멀어지게 하기도 함을 깨닫지만 학교 방침이고, 중요한 독서이기에 방식을 조금씩 바꾸어 희망을 가지고 실시해 온다.

처음 혁신학교에 와서 독서 유인책을 지양해야 하는 이유의 토론에 참여했을 때 학급에 권장도서 및 독서스티커가 없다는 상상에 좀 허전한 마음은 들었다. 하지만 그렇게 하면 아이들이 좀 자발적으로 읽을까 하는 기대감에 설렜었다. 책놀이 한마당, 독서캠프 같은 자발적인 행사로 책의 재미와 중요성을 모두 느낄 수 있을 것 같았다.

하지만 이 또한 빠른 시일 내에 되는 일이 아님을 깨달았다. 6학년 담임을 맡은 나는 여느 학교와 다름없이 책벌레 서너명을 제외하고는 책과 담쌓은 듯 보이는 학생들을 만나야 했다. 무언가 해야 하겠는데 내가 할 수 있는 것은 책 읽어주기 밖에 떠오르지 않았다. 읽어주기에는 많이 커버린 6학년 아이들이었지만, 좀더 자연스럽고 자발적으로 책을 읽는 방법을 사용하려다 보니 달리 수가 없었다. 나는 주 3-4회 정도 꾸준히 책을 읽어주기 시작했다. 떠들지만 말라고 했더니 누워서 듣는 아이도 있고, 학원 숙제를 하며 듣는 아이도 있었다. 뭐 그런 책을 읽어주냐고 이야기하는 아이도 있었다.

한 해가 지나 결과적으로 내가 이 아이들에게 책을 많이 읽게 했다고 말할 수는 없다. 하지만 분명 책에 대한 마음을 내게 했다는 생각은 든다. 6학년 말까지도 특별한 강요 없이 모두 도서관 방에 앉아 40분 동안 꼼짝 않고 책을 읽는 분위기가 만들어졌다. 내가 읽은 책 이야기에 귀를 기울이는 학생도 많아졌다.

'소설처럼'에서 다니엘 페나크의 외침은 이 과정을 겪은 내게 많은 공감을 일으켰다. 다니엘 페나크는 독서에 관한 에세이를 정말 한 편의 소설처럼 독창적으로 서술했다. 그리고 침해할 수 없는 독자의 권리이니 '안 읽어도 좋다', '아무 책이라도 좋다', '건너뛰어도 좋다', '끝까지 안 읽어도 좋다'고 주장한다. 다소 상식을 벗어난 듯한 그의 주장에서 진정 책을 사랑하게 하는 법을 배울 수 있었다.

어떻게 살아야 하는지 알기 위해 책을 읽기 시작한 나는 눈물로 읽은 날이 많았다. 독서는 내 삶을 가꾸어 주는 친구이자 스승 같은 존재이다. 내가 아이들에게 책을 읽히는 이유는 훗날 아이들에게 책이 친구와 스승이 되어 온전하고 담대하게 자신의 삶을 걸어가길 바라는 마음에서이다. 또한 신앙이 있는 나로서는 내 아이들이 다소 상징적이고 어려운 성경을 깨달아 읽는데 도움을 받길 바라는 마음도 크다.

그러려면 우선 초등학생 때는 읽는 것이 습관처럼 편안해야 하고 즐거워야한다. 당장 아이들에게 책을 읽은 후 감동을 바라거나 책 속의 진정한 메시지를 깨닫기를 기대해서도 안 된다. 배움의 기쁨과 깨달음이 오는 시기는 사람마다 다 다르다. 그저 아이들에게 책에 대한 예의를 지키게 하는 최선은 재밌는 이야기와 알거리가 담겨 있어 참 좋다고 느끼게 하는 그것 뿐이다.

그런데 그냥 가만히 있으면 아이들이 책을 좋다고 느끼는 게 아니라는 게 문제이다. 책보다 재밌는 게 넘치고 넘치는 세상이다. 그래서 나는 그저 재미있는 책을 많이 읽어주었고, 책을 매개로 한 놀이 공동체를 만들어 삶의 일부로 만들어 주었다. 독서가 다소 쉽지 않은 우리 아들도 책모임 하는 월요일이 일주일 중 가장 기쁜 날인 것은 그런 이유다.

아이들에게 책을 권할 때 이걸 읽어야 나중에 좋은 직업을 갖게 된다든지 결국 국어 실력이 성적을 좌우한다는 말이 얼마나 가슴에 다가올까?

난 진정으로 책을 좋아하는 부모님이나 선생님은 위와 같은 말을 차마 할 수 없다는 생각이 든다. 그건 책을 좋은 직업이나 성적의 도구로 치부하는 것이기에 사랑하는 대상에 대한 예의가 아니기 때문이다. 아이들은 결코 미래를 위해 책을 읽지 않으며 그렇게 읽혀서도 안 된다. 아이들은 그저 오늘이 즐거워야 하고 그 즐거움의 과정에 책이 함께 하도록 지난한 노력을 더해줘야 한다.

조급해하는 순간,
모든 것을 망친다

노하기를 더디 하는 자는 크게 명철하여도
마음이 조급한 자는 어리석음을 나타내느니라.

· 잠언 14: 29 ·

반복해서 이야기 하지만 아이들과 책을 읽으며 조급한 마음을 가지
면 길게 가기 어렵다. 내가 이렇게나 노력했는데 니가 이것밖에 안 되
냐는 생각일랑 하지도 말아야 한다. 애당초 내가 아이를 위해 희생하
고 헌신하는 것은 자식을 가진 부모로서 주어진 소명이라 생각하자.
만약 너무 힘들게 느껴지면 힘이 날 때까지 그런 노력은 하지 말아야
한다. 아이를 전교 1등 시키기 위해 노력한다는 것은 내 능력을 자랑
하는 나를 위한 노력이지 절대 아이를 위한 나의 소명은 아니다. 힘들

게 가는 이 길이 어렵고 끝이 없을 듯 보여도 내가 이 길을 가는 이유를 제대로 찾을 수 있으면 기쁨이 될 수 있다.

조급함을 피해야 하는 건 교실에서 엄마인 교사에게도 마찬가지이다. 학급운영을 하는데 변화의 기미를 보이지 않는 아이, 학부모님의 민원, 동료 교사와의 소소한 갈등은 어찌 보면 늘상 일어나는 일들이다. 예전에는 그런 일을 당하면 이렇게 열심히 해 봐야 아무 소용없다며 슬럼프에 빠지곤 했다. 하지만 처음부터 내가 열심인 것이 학부모, 동료교사에게 인정받기 위해서는 전혀 아니었다. 나에게 주어진 이 귀한 아이들이 나와 있는 동안 배움을 갖도록 하는 것이 목적이었으므로 그 인정 여부는 사실 중요한 게 아니다. 그런 상처에 기꺼이 희생과 헌신을 멈추지 말아야 하는 이유다.

어린 왕자에서 여우가 말한 중요한 비밀은 인간이 살아가는 데 정말 알아야 할 핵심적인 비밀이다.

"오로지 마음으로 보아야만 정확하게 볼 수 있다는 거야. 가장 중요한 것은 눈에 보이지 않아."

잘 생각해보면 정말 중요한 것은 다 눈에 보이지 않는다. 교육에서도 그렇다. 사람이 자라고 지혜로워지는 과정은 마음으로 보아야만 볼 수 있다. 그 중요한 것들이 눈에 잘 보이지 않기에 교육이 힘든 것이고 말이 많은 것이다.

그런데 신기하게 아이들은 어른보다 눈에 보이지 않는 것을 잘 보는 것 같다. 표현은 어눌하지만 본질적인 것을 직감적으로 잘 아는 아이들은 교사와 엄마의 마음도 잘 알아챈다. 내가 매일 기쁘게 교단에 나아가고, 우리 아이를 대함은 그 앞에 서 있는 나의 목적을 이해하고 받아들여주는 아이들이 있기 때문이기도 하다. 이제 나는 아이들 앞에 서면 덜 조급해진다.

그래서 공부만 잘 하는 아이가 아니라 책과 친하게 지내는 아이, 세상과 소통하며 자존감 있는 아이로 자라길 바란다면 당장의 결과에 절대 조급하지 말아야 한다는 것을 다시 강조하고 싶다.

구약성경 전도서 3장을 보면 '모든 일에 때가 있다'고 한다.

날 때가 있고 죽을 때가 있으며, 심을 때가 있고 심은 것을 뽑을 때가 있으며, 죽일 때가 있고 치료할 때가 있으며, 헐 때가 있고 세울 때가 있으며, 울 때가 있고 웃을 때가 있으며, 슬퍼할 때가 있고 춤출 때가 있으며, 돌을 던져 버릴 때가 있고 돌을 거둘 때가 있으며, 안을 때가 있고 안는 일을 멀리할 때가 있으며, 찾을 때가 있고 잃을 때가 있으며, 지킬 때가 있고 버릴 때가 있으며, 찢을 때가 있고 꿰맬 때가 있으며, 잠잠할 때가 있고 말할 때가 있으며, 사랑할 때가 있고 미워할 때가 있으며, 전쟁할 때가 있고 평화할 때가 있느니라.

그 뒤에 하나님이 모든 일에 때를 따라 아름답게 하셨는데, 문제는 사람이 그때의 시작과 끝을 알 수 없게 하셨다고 나와 있다. 예전에는 전혀 눈에 들어오지 않던 그 구절이 요즘에는 볼수록 정말 딱 맞다는 생각을 하게 된다. 사람마다 그때가 다 다르고 그 시작과 끝을 우리는 알 수가 없다. 다만 기다리는 마음으로 구할 뿐이다. 아직 때가 이르지 않은 사람에게 다른 사람들은 그때가 이르렀으니 너도 맞추어 이르도록 별별 수를 다 쓰는 것은 이치에 어긋나는 어리석은 행동이다. 때를 기다리게 하심도 다 이유가 있는 것이다. 생각해보면 내가 정말 공부를 재밌어 하는 때는 서른에 주셨고, 내 직업에 소명을 주신 때는 마흔이 거의 다 되어서인 것 같다. 그 전에 때를 주시지 않음은 내게 그때를 위해 필요한 지식과 경험, 아픔이 주어져야 했기 때문일 것이다. 그래서 나는 오늘도 내가 만나는 아이들을 믿고 기다릴 수 있다.

책과 놀고, 책으로 소통하고,
책을 뛰어넘는 아이들

많은 이들이 오늘날은 인문학이 죽고 돈과 경쟁이 판을 치며 사람들은
권력과 자본 앞에서 무기력한 사람이 될 수밖에 없다면 한탄을 하고 있지만,
나는 이 아이들에게서 희망을 보았다. 여러 책을 읽으며 친구와 함께 토론하고,
서로를 격려하며 자신을 튼튼히 키워 가고 인간과 삶에 대해 진지하게
고민할 줄 아는 아이들이라면, 결코 나만 아는 이기적인 사람이 되거나
권력과 자본 앞에서 쉽게 무너져 버리는 무기력한 사람은 되지 않을 것이다.
늘 내게 깨우침을 주고 희망을 안겨 주는 우리 아이들이 참 고맙다.

• ,백화현, 책으로 크는 아이들 •

당장 눈에 보이지는 않지만 나는 책모임에서 수년 간 만난 아이들
이 언젠가 삶 속에서 갈등이나 선택의 상황을 만나는 순간 책 속 메시
지를 떠올리고 적용할 것을 믿는다. 이 아이들은 어른이 되어서도 책
과 소통하는 기쁨을 느끼고 깨달음을 실천하며 살아갈 가능성이 많을
거라고 생각한다.

집에서 3년 간 많은 책모임을 동시에 진행하면서 별별 일을 다 겪

었다. 솔직히 재미도 있지만 책모임 진행자가 쉽다고는 말하지 못하겠다. 주말마다 모임을 해보기도 했는데 주말에는 가족모임이 있는 경우가 많아 온전한 출석이 어렵다. 그래서 결국 월요일과 금요일 모임이 남았다. 난 평일에 매주 2회 쫓기듯 칼퇴근을 해야 한다. 늘 학교에서도 있는 힘을 다하여 에너지가 부족한 날은 피곤하기도 했다. 다행히 회식을 즐겨하지 않지만, 여튼 회식이나 개인 약속 같은 건 많이 포기해야 했다.

그리고 책을 미리 선정하여 준비하는 것, 아이들 사이의 관계 문제를 돕는 일이 힘겨울 때가 있었다. 무엇보다 내 아이가 끼어 있는데 내아이가 아니라는 생각을 하는 것. 즉, 다른 아이에 비해서 부족한 것 같은 모습에 조급해지는 마음을 누르는 것이 가장 힘들었을지 모른다.

그런데 이 책모임도 자꾸 읽고 싶어지는 책처럼 놓아지지가 않았다. 눈이 빠지게 책모임 날만 기다리는 아이들을 보며, 서로의 갈등을 극복해낸 것을 보며, 책모임 회원 모두가 함께 책읽기를 즐거워하는 순간을 만나며, 제법 성장한 아이들의 글을 보며, 토론의 힘으로 옳고 그름을 구별해 나가는 건강한 공동체를 만드는 감동적인 순간을 만나며, 끈끈한 아이들 관계가 학교생활에 긍정적인 영향을 미치는 순간을 만나며 힘들어도 놓을 수가 없었다.

아들이 초등학교 3학년 때, 책모임 시작 전 아이 친구 한 명이 아이패드를 들고 와서 잠시만 같이 게임하는 것을 허락해 달라고 하자, 아이들은 하나 되어 한 번만 하게 해 달라고 졸랐다. 난 그 당시 여지를 주면 안 된다는 생각이 들면서도 간절한 아이들의 바람에 고민해 보겠다고 말하고 책모임을 시작했다. 마침 그 주의 도서 목록에 최은영의 '게임 파티'가 있었는데 아이들은 만장일치로 그 책을 골랐다. 게임 파티는 게임으로 하나 되는 그 또래 친구들 이야기를 담고 있다. 친구들 사이에 게임으로 인기를 얻은 선우가 너무 게임에 몰두하는 바람에 부모님의 금지령으로 게임을 못하게 되었다. 그러자 친구들이 자신을 멀리하는 경험을 하며 '과연 게임은 소통과 우정을 돈독히 할 수 있는 놀이인가?'를 고민하게 해주는 책이다. 아이들은 그 책을 읽고 열띤 토론을 벌였다. '실제로 게임을 못하게 한다고 친구가 안 놀아주느냐', '게임을 하면서 더 친해질 수 있지 않겠느냐', '게임 실력이 없어 부끄럽거나 싫은 소리를 들은 적이 있다', '나는 재현이처럼 게임보다 술래잡기가 좋다' 등. 한참을 자기들끼리 떠들더니 게임은 하지 말자고 스스로 결정했다. 아이패드를 가져온 아이는 눈물을 흘렸지만 공동체의 결정이니 더 이상 말하지 않고 집에 가져다 놓고 다시 와서 놀았다. 그 뒤로 이사 가기 전까지 한 번도 같이 게임하겠다는 말은 하지 않았다.

만약 내가 무조건 안 된다고 했으면 그 뒤에 몇 번 더 타협해야 하는 일이 생겼을 지도 모른다. 하지만 책을 매개로 한 공동체의 결정은 내 명령보다 훨씬 힘이 세고 실천해내는 힘을 지녔다. 물론 그 날 책 목록에 게임 파티가 있었던 우연은 신의 한 수였다. 아이들 문제를 해결하기 위해 억지로 내가 원하는 방향의 책을 읽도록 강요하면 또 그림이 달라진다. 뭔가 공동체의 중요한 의사결정을 해야 할 때는 진행자도 동등한 입장으로 시간을 두고 이런 저런 생각을 갖고 공동체에 다양한 책이나 이야깃거리를 제공하는 것이 중요하다. 더 중요한 것은 갈등을 피하려고 하지 말고, 자연스럽고 여유롭게 받아들여야 한다는 것이다. 아이들이 가장 잘 배우고 가장 잘 이해하는 순간은 갈등 상황에 많다는 것을 알아야 한다.

　무엇보다 자신이 하고 싶은 것과 원하지 않지만 마음을 내어야 하는 것 사이에 갈등을 겪는 수많은 상황에서 책과 놀이는 큰 도움을 준다. 결국 인간은 자기중심성에서 탈피하여 세상에 선한 영향을 미치는 방향으로 성장해 나가는 여정을 걷게 되는데, 책들은 그 과정을 도와 준다. '사자와 마녀와 옷장'을 읽으며 에드먼드가 하얀 마녀에게 '터키 젤리'를 받으며 옳지 않은 선택을 한 것을 두고 아이들과 많은 이야기를 나누었다. 이야기를 나누며 아이답게 자기들에게 터키 젤리를 사 달라고 조르면서도 자신과 엄마 삶의 터키 젤리를 고민해냈다.

　당장 달콤해서 넘어가지만 결국에는 이롭지 않은 것들. 돈 욕심, 고집, 게임, 유튜브, 커피, 카톡하기 등을 들며 자신과 가족들이 원하는 것이 긴 안목으로 삶에 어떤 영향을 줄지 생각해 나갔다. 또한 '책과 노니는 집'의 주인공 장이를 보며 비슷한 또래인 자신에게는 어떤 어려움이 있고, 이를 지혜롭게 극복하려면 어떻게 해야 하는지 진지하게 고민하기도 했다.

　처음에 놀이할 때는 어떻게 놀아야 할지도 모르고 무엇을 하고 놀지 30분 가까이 이야기하다가 결정을 못하기도 했다. 때로는 싸우면 집에 가버리기도 하던 아이들이 점점 고집을 내려놓고 적당한 지점을 찾아나가며 품으려 하는 모습을 보았다. 오래도록 부딪히며 자연스럽게 얻은 지혜도 있겠지만 수많은 책 속에서 만난 가치를 직관적으로 함께 이해하기 때문에 내 뜻대로만 하고 싶은 마음을 내려놓을 수 있는 게 아닐까 싶다.

아이들의 긍정적 피드백보다 내가 느끼는 즐거움은 훨씬 더 했다. 좋은 어린이책을 만나며 감동했을 뿐 아니라 그렇게 만난 책은 학급운영에 바로 연계하여 적용되었다. 어떤 질문과 활동에 아이들이 반응할지 끊임없이 적용하고 연구하는 과정은 아이들에 대한 이해도를 높이고, 자녀와 학급 아이들과의 소통에도 큰 도움을 주었다. 내 스스로가 책을 읽고 질문을 만들어내는 과정이 매우 편한 일상적인 일이 되었고, 책과 함께 생각의 균형을 잡아가는 것을 느끼는 순간이 너무나 행복했다.

결국 책모임은 나와 책, 나와 아이들, 아이들과 책, 아이들과 아이들과의 소통의 장을 만들고, 우리는 책을 뛰어넘어 행복한 삶을 꾸리는 방법을 찾아갔다.

큰 아이의 독서 모임 친구들이 이제 곧 중학생이 되니 곧 나는 다소 생소한 중등 아이들의 책모임을 이끌어 나가야 할 것이다. 그러나 크게 두렵지 않은 이유는 결국 배움의 과정은 서로 간에 그리고 책과 함께 하는 소통의 과정이고 우리는 그 과정을 함께 충분히 겪어왔기에 더 성숙한 방식으로 책과 사람을 만날 수 있으리라 믿기 때문이다.

110

난 별을 보고 있을까?

우연히 도서관에서 너무 예쁜 그림책을 만났다. 표지를 비롯하여 그림 하나하나가 너무 예뻐 소장하고 싶은 책이었다. 아이들도 그림에 매료되어 무척 재미있게 책을 살펴보았다.

이 책을 보고 우선 이미지의 효과에 대해 다시 한 번 생각하게 되었다. 만약 이 책이 그림책이 아니었다면 그리 매력적인 책이 아니었을지도 모른다. 이미지가 상상력을 방해하기도 하지만 몇 안 되는 글자를 살아나게 할 수도 있다는 생각을 했다. 또한 아름다운 그림으로 인해 책장을 천천히 넘기며 어찌보면 식상하거나 그냥 넘겨보게 될 수 있는 구절들을 자꾸 곱씹게 되었다. 두려움 투성이에 우물 안 개구리 같은 여우는 어쩌면 모든 인간의 모습일지도 모른다. 우리가 두려움 때문에 자행하는 실수와 잘못이 얼마나 많은가? 여우가 외로움과 상실감을 이기고, 용기를 내어 밖으로 나왔을 때 계속해서 마음에서 들리는 질문의 답을 찾아갈 수 있었다. 그런데 사실 그 답은 7살 아이가 그것도 모르냐고 웃을만큼 너무 단순했다. 별은 하늘에 있다는 것. 그것도 수많은 별들이 있고, 그 중에 여우의 친구별도 있다는 것.

몇 번이고 그림책을 보면서 '나 또한 별을 나뭇잎 쌓인 바닥에서 찾고 있지 않았나?', '지금 나는 별을 보고 있다고 생각하는데 제대로 별을 보고 있는 것인가?' 이런 저런 생각이 들었다.

이 찌는 듯한 여름밤, 맑은 곳에 별구경을 가고 싶은 생각이 들었다.

－『여우와 별』 코랄리 백포드 스미스, 사계절, 2016.

행복한 몰입으로 가는 길

얄미울 정도로 아름다운 가을이다. 아파트 단지 안에서 하늘을 보아도 빨려들어갈 것 같고, 운동장을 걷다가 나뭇잎을 보아도 가슴이 설렌다. 내가 가을을 탔었는지 곰곰이 생각하게 된다. 답사, 연수, 가족 모임 등 유난히 가을바람을 많이 쐰 탓인가 싶기도 하다. 할 일은 마구 쌓이는데 도통 몰입이 되지 않는다.

이 상황에서 만난 칙센트미하이의 '몰입'은 도전이었다. 구절구절이 마음에 울림을 주고 예전부터 읽고 싶었던 책임에도 500페이지가 넘는 분량에 많은 예시를 중심으로 엮인 이 책을 아주 오랫동안 가방에 들고 다녀야 했다.

책을 들고 다니며 늘 생각했던 것은 '내가 해야 한다고 생각하는 것 말고, 정말 미치도록 하고 싶어서 하는 일은 무엇일까?', '그 일을 하는 데 하루에 몇 시간을 할애하나?', '난 내가 원하는 것을 정확히 알고 있는가?'였다.

정말 감사하게도 난 아이들과 함께 하는 일을 진심으로 사랑하고 있다. 교직 생활을 하면서 권태를 느낀다는 주변 선생님의 말을 경험적으로 이해해본 적이 없으니 맞는 것 같다. 그리고 성공이나 외적 보상에 관계없이 끊임없이 배울 거리를 찾아 헤매는 것도 비교적 '플로우(몰입)'를 많이 경험하는 행복한 사람이라는 생각을 하게 했다.

그러나 새로운 시작은 잘 하면서 쉽게 포기하고 다소 산만하다는 것, 외부에 흔들리지 않는 확실한 내적 상징체계가 약하다는 것은 날 플로우의 상태로 이끄는 데 방해가 되는 것들이었다. 아마도 타인을 지나치게 의식하는 경향이 있지 않나 싶다. 그러나 나이가 들고 내가 하나님께 플로우를 경험하면서 흔들림의 정도가 확실히 줄어들었다. 내 인생 후반기에는 오히려 나의 굳음이 고집스러움이나 아집, 오만이 되지 않게 해 달라고 기도해야 할지 모른다.

- 『몰입- 미치도록 행복한 나를 만나다』 칙센트미하이, 한울림, 2004.

책아놀자

4

우리 아이가
달라졌어요

아이들은 느리지만
반드시 변한다

느리게 성장한다고 걱정하지 말고
오직 멈춰 서 있는 것을 두려워하라

· 중국속담 ·

그림책 '선인장 호텔'을 보면 사와로 선인장의 한살이는 느려도 정
말 느리다. 씨가 뿌려진 후 10년이 되어도 엄마 손 크기밖에 자라지 않
고, 25년이 되어도 5살 아이 키만하다. 그리고 50년이 되어서야 처음
꽃을 피운다. 하지만 이 선인장은 세상에서 가장 큰 선인장으로 15m
까지 자라고 150년에서 200년을 살아내며 온갖 사막 동물의 안식처이
자 먹이 제공자가 된다.

생각해보면 인간도 속이 터질 만큼 느리게 변한다. 아니 겉으로 보

기에는 변하는 것 같지도 않다. 나부터도 그렇다. 원래 성격이 급하고 말이 빠른데 교단에 서다 보니 급한 게 유익이 될 일이 없기에 18년째 고치려고 부단히 노력 중이다. 언제부턴가 어느 정도 해결되었다 싶다 가도 약간 긴장이 되거나 훈계를 하고 싶을 때면 나도 모르게 입에 모 터가 달린 것처럼 빨리 말하며 성급하게 해결하려 할 때가 있다.

교실에서 만나는 1년 동안 아이들이 크게 변하는 경우는 별로 없 다. 공부를 못하는 아이가 크게 성적이 오르는 경우, 친구들을 때리는 아이들이 몸에 손도 대지 않게 되는 경우, 발표를 전혀 안 하는 아이가 발표를 신나게 하는 경우, 혼자 놀기를 좋아하는 아이가 여러 친구들 과 어울리는 경우는 목격하기 쉽지 않다.

하지만 초등 6년을 놓고 보면 분명 다르다. 1,2학년 때의 모습을 보 고 몇 년이 지난 후에 만나면 그 아이의 성장과 변화를 느낄 수 있다. 많은 대안학교나 외국의 학교에서 3년 이상 담임을 하도록 하는 것은 긴 시간 아이와 안정적인 관계를 형성하며 그 성장과 변화의 기쁨을 누리고 교사가 그에 대해 책임감을 갖도록 한 것일 게다.

사람은 어쩔 수 없이 이기적인 부분이 있어 누군가로 인해 자신에 게 불편한 일이 생기면 좋은 감정을 갖기 힘들다. 학기 초 아이들을 바 라볼 때에도 교사가 계획한 학급 운영이나 행사에 잘 맞지 않거나 어 려움을 주는 아이들이 있으면 긍정적으로 바라보기가 쉽지 않다. 여지 없이 어느 교실이나 학기 초부터 눈에 튀는 아이들이 있게 마련이고, 교사마다 그런 아이를 바라보는 시선은 참으로 다양하다.

내 아이를 키우며 끊임없이 내게 스스로 요구했던 것이 '나'를 내려놓고 한 발짝 뒤에서 바라보는 것이었다. 내 아이, 우리반 아이이기에 나와 연관 지으려 하면 할수록 나와 아이가 함께 힘들다는 것을 깨달았다. 무엇보다 의미 있는 활동을 많이 제공하고, 좋은 책과 이야기가 계속 흐르게 하며, 자연을 가까이하면 힘든 아이들이 눈에 거슬리는 일이 확실히 줄어든다는 것 또한 수차례 경험한다.

지금 눈에 보이는 것으로만 그 아이들을 규정지을 수 없다는 것을 다시금 확인하고 힘을 내어 매일 아이들의 손을 잡는다.

아이를 옆에서 지키는 부모나 교사가 가져야 할 중요한 태도는 아이의 성장에 무한한 신뢰를 가지고 기대감을 갖는 것이다. 말이 쉽지 실천은 결코 쉽지 않다. 그 나물에 그 밥인 것 같아도 아이의 성장을 믿을 때와 불안하여 재촉할 때는 큰 차이가 생긴다.

초등학교 1학년 때 멍하니 집중하지 못하고 수업 시간 주변을 두리번거리며 친구들과 공감대를 형성하기 어려워하던 우리 아들. 사실 6학년이 된 지금도 수업 시간에 '멍'한 시간이 많다. 그런 까닭에 설명을 쉽게 이해하지 못하고 책을 읽을 때 읽던 곳을 곧잘 놓친다. 그렇지만 내가 절망하지 않음은 변화를 보았기 때문이다. 책상에 앉아서 배울 때 고통이 심하고, 꾸준히 스스로 해내기 너무 힘들었던 아이었다. 하지만 어느새 상황을 받아들이고 매일 공부할 내용을 체크해 나갈 수 있게 되었다. 지금은 어느 친구를 부를까 고민하며 함께 놀고 싶은 친구들도 많다. 다소 감정적이고 고집이 셌지만 어느새 자신의 모습을 객관적으로 바라볼 수도 있으니 얼마나 대단한 변화인가?

아이를 키우며 내가 치열하게 배운 하나는 '기다림'이다. 그건 내가 제일 못하는 것이었다. 앞서 말한 것처럼 늘 급했고, 욕심이 가득했기에 기다리는 건 너무 힘든 일이었다. 하지만 아이들을 가르치고 양육하는데 가장 중요한 것이 그것이기에 그걸 꼭 해내게 해주려고 우리 아들을 붙여주신 것 같다.

'기다림'을 아는 지금은 소문이 무성한 어떤 아이들을 만나도 별로 두렵지 않다. 내가 그 아이의 변화를 격려하고 기다려줄 거라는 믿음을 끊임없이 표현하는데 노력하지 않는 아이는 한 명도 보지 못했다. 이 땅의 많은 부모나 교사들이 눈에 보이지 않는 것을 소망하며 아름다운 아이들을 만나길 바란다.

기대하되, 먼저 믿어주자

공부의 본질은 뭡니까? 서울대학교에 가는 걸까요?
공부는 나를 풍요롭게 만들어주고 사회에 나가서
경쟁력이 될 실력을 만드는 게 본질이에요.

• 박웅현, 여덟 단어 •

사람 사는 모든 일이 그렇겠지만 특히 배움은 단시간에 눈앞에 보이는 효과를 좇다간 후회하기 일쑤다. 어릴 때 엄친아, 엄친딸로 동네 사람의 로망이 되었던 아이들이 중등 이후 많은 갈등을 겪으며 힘겨운 나날을 보내는 경우가 대표적일 것이다. 하지만 주변에서 그런 사례를 목격하기는 쉽지 않다. 우선 어릴 때부터 고교생까지 한 곳에서 서로의 가정 상황을 뻔히 알고 지내는 경우가 갈수록 줄어든다는 점, 그런 경우 남들의 시선 때문에 이사를 가거나 굳이 자신의 실수를 드러내지 않으려 한다는 점, 이런 현상 또한 서서히 일어나기 때문에 의도적으로 따라다니지 않는 이상 현재의 상황만 보는 입장에서는 원인, 결과를 이해하기 쉽지 않다는 점이 작용할 것이다.

어릴 때부터 시험 점수 때문에 문제풀이에 치중하여 문제풀이 기술을 익히는 데 많은 에너지를 쏟게 하는 경우 대부분의 아이들은 배울 대상에 대한 경이를 잃게 된다. 물론 아이의 연령과 개별 역량에 따라 꾸준히 복습하는 것은 분명 필요하다. 배움은 '습(習)'의 과정이 절대적으로 중요하기 때문이다. 하지만 부모가 당장의 점수에 연연하는 모습을 보이면 아이는 배울 대상 자체에서 엉뚱한 곳으로 눈을 돌린다. 억지로 하느라 스트레스가 쌓여 다른 어려움이 생긴다거나, 엄마를 기쁘게 해주거나 자랑하기 위해서 열심히 하려는 상황이 생긴다는 것이다. 그러면 내가 배우는 내용이 어떻게 쓰일 수 있고, 이를 실천하기 위해서는 어떻게 하며 이 내용이 어떤 의미를 지니는지 생각을 하기보다 하는 척, 아는 척하는데 열을 올리게 된다.

어쩌면 아는 척하는 데 열을 올리는 것은 성인이 되어서도 별 문제 없이 바르게 잘 자란다는 생각을 하게 할 수 있다. 오히려 성인이 되고 나서 한참 후에 문제가 생기기도 하기 때문이다. 뉴스에서 보는 대단한 사람들의 갑질이나 비행, 위선 등이 이에 해당한다. 머리가 비대해져 자신은 다 알고 있고 할 수 있다고 믿는데 정작 자신의 전문 분야의 문제해결력이 없는 경우가 허다한 것, 거짓이 횡행하는 것은 이러한 양육의 결과일 것이다.

우리반이었던 아이 중 과학탐구에 유난히 관심이 많은 우뇌형 아이가 있었다. 집에서도 실험도구를 사서 과학 실험을 하고 동아리 활동도 과학 실험을 주도적으로 하는 아이였다. 하지만 안타깝게도 간혹 치르는 과학 시험 성적은 좋지 않았다. 이는 읽기 및 쓰기 능력과 연관이 되어 있었다. 문제는 시험을 보고 나서 아이가 시험 점수에 좌절하며 '자신은 과학을 정말 못한다'고 말하는 것이다. 난 '과학을 잘한다'는 것은 과학 시험을 잘 본다는 의미는 아니라고 한참 설명을 해주어야 했다.

이런 경우는 해마다 만나게 된다. 어떤 아이는 수학 시험을 보고 나서 조용히 내게 와서 말한다. "선생님, 전 수학 성적이 안 좋은데 수학 문제 푸는 것은 참 좋아해요."라고 하는 것이다. 난 그 말을 듣고 한참을 고민했었다. 학기 초 그 아이 진단평가 성적이 안 좋아 학습 컨설팅 받기를 권유했었다. 학기 초라 정보가 없던 당시 내 기준은 작년도 배운 내용의 진단평가 수학 점수 60점 미만 아이들을 대상으로 권유했었다. 과연 당장 점수가 안 나오는 과목은 어떻게 해서라도 일정 수준 이상 올려야 하는 게 맞을까? 수학 점수가 안 나오면 서둘러 수학 학원을 보내고, 영어를 못하면 영어 학원을 보내는 게 맞을까? 누적적으로 실력이 쌓이지 못해 아예 포기하는 사태가 되면 그나마 있던 호기심도 사라질 수 있다는 우려는 충분히 이해가 된다. 하지만 '수학을 좋아하던 그 아이가 수학을 재밌다고 생각하는 일이 끝날 수도 있음을 우리 어른들은 얼마나 고민할까?' 라는 생각이 자꾸 들었다.

이런 고민을 더하게 한 것은 우리 아들의 수학성적이었다. 초등학교 4학년 때 80점대의 점수를 꾸준히 받았다. 여튼 개념 이해를 했다는 의미기에 늘 잘 했다고만 하고 아쉬운 대로 문제의식을 느끼지 않왔다. 하지만 초등학교 5학년 말이 되자 그나마 그 점수에서 조금씩 더 떨어지기 시작하여 70점대를 전전하는 것이다. 70점이라는 점수는 위태위태하게 느껴졌고 난 초조해지기 시작했다. 그 초조함의 근원은 불안감이다. '이러다가 중학교 때 수포자(수학을 포기한 사람)가 되면 어쩌지?'라는 두려움이었다. 그래서 난 은근슬쩍 수학문제 풀이양을 늘렸다. 처음에 몇 일 하는 듯하더니 얼마 후 아들은 '수학'이란 말만 들어도 싫은 듯 치를 떨었다. 가끔 아는 재미도 느끼고 이렇게 저렇게 생각해 보는 문제풀이 시간이었는데 과부하가 되니 힘들었던 모양이다. 제일 먼저 든 감정이 '그 학문이 싫다'가 아닌가? 그것이 싫어지게 하는 것은 그것을 안 하게 하는 가장 큰 선결조건이다. 수포자를 만드는 것은 충분히 시키지 않아서가 아니라 아이의 개별속도에 대한 배려가 부족하기 때문이다. 실제 당시 5학년 수학 교과 내용이 어렵고 많다는 비판이 있었고, 마침 바로 다음 해 개정 교육과정이 반영되어 양이 줄고 쉬워진 것은 현장의 이런 어려움을 반영했을 것이다. 난 수학 문제 풀이양을 다시 예전으로 되돌렸고, 매일 꾸준히 해 나간다면 불안해하지 않기로 마음을 바꾸었다. 분명히 아이의 문제풀이 양은 해마다 늘고 있으니.

6학년이 된 지금은 오히려 수학 점수가 잘 나온다. 개정된 교과서가 다소 쉬워진 영향도 있을 것이다. 거기에 같이 노는 친구들이 항상 90점 이상인데 자존심이 상한 아이가 부러워만 하다가 자신이 노력하지 않으면 안 된다는 단순한 사실을 6학년이 되어 깨달은 것 같기도 하다. 그래서 초등 6년 중에 가장 공부를 열심히 한다.

솔직히 지금 나는 국가가 정해 놓은 성취 수준을 반드시 그 단원을 배우는 몇 주 내에 도달시켜야만 한다는 것에 회의적이다. 물론 2학년에 배우는 구구단을 초등학교 4학년 때도 못 외우면 곤란하다. 하지만 구구단의 원리를 두 달 안에 이해 못하면 성실히 외우며 몇 달 더 기다리는 것이 아무 문제가 없다는 생각이다. 주어진 기간 안에 하지 못해 큰일이 날 것처럼 구는 것은 아이의 속도 자체를 부인하는 것이다.

기다리는 것은 잘하는 아이에게도 해당한다. 아니 오히려 잘하는 아이들을 기다리는 것이 더 어려울 수도 있다. 시키면 되는데 굳이 안 시키기가 더 어렵기 때문이다. 이 아이는 이해력과 집중력이 좋으니 '내친 김에 더'로 몰아붙이기 딱 좋다. 이해력과 집중력이 좋은 우등생 아이들은 대체로 다소 예민하거나 기대에 부응하지 못할 때 스트레스가 큰 편이다. 그런 아이들은 사람들이 있을 때는 아주 바르고 훌륭한 모습을 보이다가 집에서는 징징대거나 판이하게 다른 모습을 보이기도 한다. 긴장이 풀리거나 스트레스를 푸는 방식일 수도 있다. 그런 아이에게 넌 잘 한다는 말을 남발하며 마구 시켜대는 것은 '공부를 싫어하게' 만들기 딱 좋다. 잘 한다고 하니까 어떻게든 해내야겠는데 마음은 힘이 들고 말은 잘 하지도 못할 수 있다. 어릴 때는 별 문제 없다가 생각이 자라면서 그 힘겨움에 폭발할 가능성은 이런 아이들에게 많다. 자기 욕심이 있고 앎에 대한 호기심이 많은 아이들은 편안한 분위기를 조성하며 잘 자고 먹고 건강한 여가 시간을 보낼 수 있는 습관만 잡아주면 알아서 잘 한다.

어떤 아이를 키우든 성장을 기대하는 마음으로 기다려야 한다. 아무것도 하지 말라는 이야기가 아니라 아이를 자세히 보고 충분히 소통하며 그 눈빛과 몸짓에 맞게 할 일을 해 나가야 할 것이다.

자유로운 경험이 쓰는 힘을 기른다

글쓰기는 자기의 내면을 표현하는 행위이다.
표현할 내면이 거칠고 황폐하면 좋은 글을 쓸 수 없다.
글을 써서 인정받고 존중받고 싶다면 그에 어울리는 내면을 다져야 한다.
글은 '손으로 생각하는 것'도 아니요 '머리로 쓰는 것'도 아니다.
글은 온몸으로 삶 전체로 쓰는 것이다.

• 유시민, 유시민의 글쓰기 특강 •

어른이고 아이고 할 것 없이 많은 이들이 글쓰기를 부담스러워한다. 의외로 선생님들도 글쓰기에 엄청난 부담을 느낀다. 아이들 통지표 문구 써 주는 데 스트레스를 받고, 학부모 편지 쓰는데 고심에 고심을 거치는 경우를 종종 만난다. 그간 우리 교육환경이 생각을 말과 글로 표현하는 데 익숙하도록 돕지 않은 것은 사실이다. 토론 문화가 성숙하지 않고, 글쓰기는 객관적으로 평가할 수 없다고 생각하여, 수치화할 수 있고 주관이 개입될 소지가 적은 정답이나 단답형 위주의 교육이 이루어지기에 좀처럼 개선이 되지도 않는다.

나는 언제부터인가 글을 쓰는 일이 재미있었다. 20대 중반 논문을 쓸 때는 참 괴로운 일이었는데 지금은 즐겁다. 물론 쉽지는 않다. 쓸 때마다 고민스럽고, 쓰고 나서도 뒤가 찝찝할 때가 한두번이 아니다. 아이들 일기장 답글 달아 주고도 괜한 말을 한 것 같아 며칠씩 고민한 적도 많다. 그래도 뭔가 내 생각을 표현한다는 것이 즐겁고 의미 있게 느껴진다. 아마 내 주견이 생기고, 하고 싶은 말들이 생기면서 글을 쓰는 게 좋아지지 않았을까 싶다.

'유시민의 글쓰기 특강'에도 나와 있듯이 글 잘 쓰는 방법은 결국 많은 이들이 알고 있는 당연한 방법들이다. 하지만 그 실천에 몸이 배이기까지는 분명 노력이 필요하다. 정리해보면 우선 논리적인 글을 쓰기에 앞서 지켜야 할 규칙 세 가지는 다음과 같다.

1. 취향을 두고 논쟁하지 말라
2. 주장은 반드시 논증하라
3. 주제에 집중하라

이를 예술적으로 잘 해내기 위한 방법으로는 많이 읽고, 많이 쓰며, 쉽게 쓰고, 공감할 수 있게 써야 한다고 했다. 또한 공감할 수 있게 쓰기 위해서는 아름다운 내면을 가지고 그에 걸맞는 삶을 살아내야 한다고. 결국 내가 글을 쓰고 싶은 아름다운 이유가 있어야 잘 쓸 수 있다는 말이기도 하다. 이는 주견이 생긴 뒤에야 제대로 공부를 할 수 있다

책이놀자

는 '정민 선생님이 들려주는 고전독서법'과 통하는 이야기이다.

그 책을 보며 새삼스레 글을 잘 쓰고 싶은 욕심이 솟아났지만, 어차피 내가 할 수 있는 것은 좋은 책 한 권 더 보고, 꾸준히 글을 쓰며, 생각한 대로 열심히 살아가는 것 그것뿐이었다.

어린이 글쓰기 지도도 마찬가지일 것이다. 다만 글쓰기의 분량과 틀을 맞추는 매우 정확한(?) 평가 기준을 요구할 때 어린이는 영혼 없는 글을 써 내려갈 가능성이 많다.

아이들에게 논술을 가르치고 쓰게 한 후 "정말 그렇게 생각해?", "그렇게 실천할 수 있어?"라고 되물으면 주저하는 경우가 적지 않다. 정말 그래야 한다고 생각하는 진심을 담아 쓰는 글은 찾기 힘들다.

문제는 초등학생이 정말 그래야 한다고 확신하는 것이 쉽지 않다는 것이다. 앞서 말했다시피 나의 경우 진심으로 할 말이 생긴 것은 어른이 되고도 훨씬 뒤의 일이다. 남들이 해야 한다는 대로 살았었고, 나만의 생각과 목소리를 찾는 것에 두려움이 컸다. 삶의 주견이 생긴다는 것은 결코 쉬운 일이 아니다. 그리고 섣불리 주견을 갖는 것 또한 위험하다. 아이들은 세상의 이치에 대해 이해하는 과정에 있기에 아는 것이 절대적으로 적다. 이해하지 못하는데 논리적인 자신의 목소리가 생기지 않는 것은 너무나 당연하다.

그래서 우선 직접, 간접적으로 많이 겪어야 하는 시기가 초등학생 시절이다. 싸우면서도 징글징글하게 붙어 다녀 보면 사람을 이해하는 폭이 넓어지고, 선생님한테 혼나면서 자기처럼 혼나는 아이들 이야기를 읽으며 객관적으로 자신을 바라보기도 한다. 글쓰기를 위해서는 우선 몸으로, 눈으로 많이 겪어야 한다.

초등생이 진짜 자신이 간절히 원해서 주장한다고 느끼는 글은 대체로 생활문 속에 언뜻 비친다. 주장을 하라고 판을 깔면 잘 못하지만 내가 직접 겪은 일에 대한 자신의 생각을 표현하는 것은 놀라우리만치 톡톡 튀는 글들이 많다. 꾸준히 자신이 직접 몸으로 겪었고, 만났고, 느꼈던 것일수록 더욱 영혼 있는 글이 나온다. 독서감상문의 경우에도 오래 읽고 많은 활동을 경험한 책의 독서감상문은 어떤 아이든 어렵지 않게 꽉차게 한 페이지를 쓰며 쓸 말을 잘 찾고 생각이 많이 담긴다.

초등학생에게 의미 있는 경험은 주로 생활 속에서 일어나는 일상적인 것들이지 학습을 위해 어른이 의도한 것에는 사실 그리 큰 의미가 실리지 않는다. 박물관, 미술관, 해외여행 등을 다녀와서 글을 쓰라고 하면 유물에 대한 역사적 상상력을 나타내는 글은 보기 힘들고, 먹은 이야기나 놀았던 이야기가 주를 이룬다. 이는 그 유물과 역사에 대한 감정이입과 감동을 느낄 나이가 되지 않았거나 대략적인 사실만 이해했기 때문이다. 아이들의 마음이 움직이고 생각이 달라지는 지점은 매일 만나는 상황, 매일 만나는 친구랑 겪는 일에서 특별했던 무엇이다. 그래서 초등학생은 많이 놀아야 하고, 더불어 많이 읽고 느끼면 좋은 것이다. 그랬다고 해서 초등학생이 경험하고 읽은 내용을 유창하게 글로 담아 내는 것을 조급하게 바라면 안 된다. 타고난 부분도 크게 작용하는 것이 글쓰기라는 생각이 든다.

초등학생 때 의미 있는 직간접 경험이 많이 쌓이고 꾸준히 글쓰기를 연습해본 아이라면 타고난 부분이 적더라도 자신만의 아름다운 주견이 생길 것이다. 그러면 커가면서 멋진 글들을 쏟아낼 가능성이 높아지지 않겠는가?

잘 쓰려면 꾸준히 써야 하는 습관은 피할 수가 없다. 그런데 대부분의 아이들이 글쓰기 과제가 나가면 한숨부터 내쉰다. 내가 초등학교 때는 매일 일기를 쓰는 것이 당연한 듯했는데 요즘에는 그렇지 않다. 혹자는 오히려 요즘 아이들 카톡 등으로 쓸 기회가 많아진다고 생각하지만, 생각을 정리해 보는 한 페이지 이상의 글은 갈수록 그 연습 횟수가 줄어든다. 그럼에도 초등교사가 매일 일기 과제를 내지 못하는 것은 아이들이 어른보다 바쁘다는 것을 잘 알기 때문이다. 그리고 매일 일기 쓰기를 의무적으로 해야 하는 경우 정말로 힘들어하는 아이들도 많이 있다. 특히 저학년은 그 스트레스를 온전히 부모가 감당해야 하기에 더 큰 어려움이 있다. 획일적이고 의무적인 과제로 쓰기 문제를 해결해 나가기에는 어려움이 많다.

글쓰기도 개개인의 상황에 맞게 연습을 해나가는 것이 맞다. 글쓰기는 반드시 모두가 몇 줄 이상 써야 한다기보다 개별 글쓰기 상황을 보아 자연스럽게 조금씩 더 잘 쓸 수 있는 방향으로 꾸준히 권면해야 한다. 학교에서 의미 있는 활동을 한 후 배운 것과 생각을 정리하는 활동을 일정 시간에 꾸준히 해 나가야 한다. 배운 내용과 생각을 정리해 보도록 연습하는 것은 교과 과정에도 많이 제시되어 있다. 교사가 의도적으로 일정 리듬을 만들어 일상 속에 글쓰기 시간을 갖는 등 관심을 가져야 한다. 이는 가정에서도 마찬가지다. 가정에서 주말을 함께 보낸 후 온 가족이 서로 느낌을 나누는 글을 써서 서로 읽어본다든지, 한 주 살아가며 인상 깊었던 이야기를 써서 나누는 일을 해볼 수 있을 것이다. 그러면 아이들은 삶의 한 과정으로 자연스럽게 글쓰기를 받아들일 수 있다.

글쓰기 또한 책모임이 있다면 좀 더 부담없이 시도하기에 편하다. 최근 4학년에 진급하는 딸아이 책모임 친구들과 플래너와 일기 쓰기를 시작했다. 한동안 많은 학교에서 플랭클린 플래너를 바탕으로 하여 플래너 쓰기를 시도했는데 대체적으로 흐지부지 잘 되지 않는 편이다. 어린 아이들에게 플래너 쓰기의 동기를 주는 것이 쉽지 않고, 다인수 학급에서 교과 수업도 바쁜데 꾸준히 관리가 힘든 탓이다. 게다가 학원 일정이 바쁜 아이들이 차분히 앉아서 하루를 돌아보며 이런저런 것을 쓰게 하기란 보통 어려운 일이 아니다. 가정에서도 엄마와 아이가 일기쓰기나 플래너를 매일 같이 해 나가는 것은 어지간한 성실성이 아니고는 쉽지 않다. 하지만 예닐곱 명의 모임에서는 가능하다. 혼자는 어렵지만 여러명의 친구들은 합의를 통해 고전읽기에도 도전할 수 있고 다양한 놀이도 시도할 수 있으며 매일 글쓰기도 도전해볼 수 있다.

특히 여자 아이들은 스티커나 꾸미기, 그리기 등을 좋아하는 친구들이 많아 6공 다이어리 등을 이용해 플래너 꾸미기에 자유를 주면 즐겁게 해 나갈 여지도 많다는 것을 알았다. 모임 시작 전에 스스로 정한 목표를 함께 반성하고 격려해 주며 간단히 기억에 남는 감사일기나 생활일기를 나누는 것은 시와 노래와 더불어 모임문을 열기에 참 좋은 방식이다.

또한 함께 책을 읽고 나서 독서감상문 쓰기나 주제에 대한 생각 쓰기 등의 활동을 매번 자연스럽게 이어가면 아이들은 당연한 듯 써나간다.

독서와 질문의 힘

독서보다 더 중요한 것은 독서한 것을 바탕으로 한 토론이다.
토론이 되어야 아이들이 읽은 책이 자기 것이 되고, 그들의 사고가 깊어진다.
유대인 아이들은 '하브루타'를 준비하기 위해 스스로 독서하고,
토론하면서 막혔던 부분을 이해하기 위해 또 책을 찾는 습관이 이루어진다.

· 전성수, 최고의 공부법 ·

9년 전인가 우연히 지인의 소개로 전국독서새물결이라는 모임을 알게 되었다. 닥치는 대로 책읽기를 즐거워하던 그 시기 좀 더 구체적으로 독서교육에 대해 공부할 수 있고, 더불어 예전에 많이 해 온 교재 집필을 한다기에 그 부수입의 추억을 가지고 돈 좀 벌어볼까 하는 마음에 들어갔었다.

가입하고 보니 전국독서새물결모임은 전국의 초중고 교사 및 독서교육에 관심 있는 수많은 사람들이 있는 사회적 기업이었다. 이윤추

구에 방점이 있는 단체가 아니기에 가입한 모든 회원이 주인이어야 하고, 어떤 일을 해도 여느 사교육 단체처럼 수입이 많이 들어올 수 있는 구조가 아니었다. 그런데 대단하게 느낀 것은 매년 무료로 전국 초중고생 대상으로 이야기식 독서토론 및 교차질의식 토론대회를 열어오고 있다는 것이다. 대학건물을 빌리고 토론 연수를 진행하며, 대회 인력을 마련하는 것은 결코 신념 없이 봉사만으로는 하기 쉬운 일이 아니었다.

처음에는 내가 바란 이익을 기대할 수 없어 실망스러워 발을 뺄까 고민을 했었다. 그런데 처음으로 전국독서새물결토론대회 심사를 경험한 이후 뭔가 뿌듯함에 중독되어 10년 가까이 해마다 대회장으로 발길을 돌린다.

전국에서 모여든 다양한 아이들과 이야기하며 성장하는 것은 아이들만이 아니었다. 발문이 어떻게 던져져야 아이들의 말문이 터지는지, 아이들이 어떻게 배우고 깨달아가는지, 깊은 대화 후에 아이들이 뿌듯함을 느끼는 과정을 눈으로 보며 내 수업에 토론을 끌어들이지 않을 수가 없게 되었다. 한 해도 빼놓지 않고 토론 후 너무 즐거웠고 책을 더 잘 이해한 것 같으며 또 하고 싶다는 말을 대부분의 아이들에게서 들을 수 있음은 토론 자체가 아이들에게 앎과 깨달음의 즐거움을 주는 강력한 수단임을 증명하는 것이리라.

내가 직접 경험해 보고, 아이들에게 두루 적용해보며 참 좋다고 생각한 것이 이야기식 독서토론이었다. 질문은 독서를 하는 데 있어 이해와 깨달음에 이르는 지름길이다. 인간이 질문하고 스스로 답을 찾는 방식의 배움은 끊임없이 이어져 왔으며 이는 자기 안에 일어나는 생각들을 정리하고 한 단계 더 나갈 수 있게 해 준다. 독서를 한 후 의미 있는 질문에 해답을 찾아 나간다는 것은 책을 통해 얻은 지식을 정리하며 이해의 깊이를 가질 수 있게 하고, 깨달음을 주기도 한다. 사람이 '아!'하는 깨달음의 순간을 맞이하면 내면의 변화, 삶의 변화를 가져와 배움의 본질에 더 다가갈 수 있게 된다.

차를 마시듯 둘러앉아 책을 매개로 단계별로 깊이를 더해가며 이런 저런 수다를 떠는 이야기식 독서토론은 질문을 통한 이해와 재미, 더불어 깨달음을 얻는데 매우 효과적이다. 아이뿐만 아니라 어른들도 이야기식 토론은 참 즐겁다. 물론 이야기식 토론은 던지는 질문들이 매끄럽게 잘 만들어야 함이 중요하다.

또 하나 서서히 생각의 변화를 가져오게 한 토론은 흔히 말하는 디베이트 토론의 형태인 교차질의식 토론이다.

젊은 시절 교육청에서 주관하는 토론대회를 지도해 보고 난 경쟁식 토론에 대해 매우 부정적이었다. 우리 학교 대표로 뽑힌 아이들은 성향이 유순하고, 잘 듣다가 핵심을 찌르는 질문을 조용히 잘 하는 아이들이었다. 난 그저 책 이야기를 많이 하고, 예상되는 근거에 어떻게 좋은 반박을 할 수 있겠는지 연습을 한 뒤 대회에 나갔다.

그런데 처음 나가본 토론 대회장에서 입을 다물 수가 없었다. 줄줄이 부모님과 학원 선생님이 밀착되어 나온 아이들을 엄청 화려한 근거 판들을 준비하고 달달 외우며, 학생회장 후보 연설하듯이 말을 했다. 특별 교육으로 이기는 방법을 철저히 배우고 온 초등학생들은 자신이 이해한 것을 말하기에 바빠 잘 듣지를 못했다. 부모님의 개입도 전혀 없었고 화려한 근거판도 없었던 비교적 조용한 우리 학교 아이를 평가하는 심사기준이 극명히 갈렸다. 최악의 평가와 최고의 평가가 나뉘어 심사위원 사이에서도 논란이 오가는 듯했다. 잘 듣고 허를 찌르지만 뭔가 준비가 덜 된 것 같아 점수를 주기는 애매한 아이들이었다.

난 그 경험에 의해 초등학생은 디베이트 토론에 적합하지 않다고 여겼다. 우선 토론 준비 자체를 어른이 해주어야 하고, 너무 이기는 것에만 집중해 가르치게 된다. 그래서 똑부러지게 준비해온 아이들이 예상치 못한 질문이 들어오면 무척 당황한다. 이기지 못할지도 모른다는 두려움에 생각이 멈춰버리는 것이다. 하지만 토론의 목적은 거기에서 생각을 하는 데 있다. 내가 예상치 못한 반론을 받았을 때 도끼를 맞고 '아!'하며 생각을 바꾸어 인정하고 타협해 나가거나, 또 다른 방법으로 대안을 제시해보는 것에 토론의 목적이 있다.

양극화된 우리 사회에서 수많은 쟁점들이 합의점을 찾지 못하는 것은 초등학생처럼 잘 듣지 않고, '아!'하는 지점을 만들어 내지 못하기 때문이리라. 우리 어른들의 토론 문화가 자리잡혀 있지 못하기에 교육도 그렇게 이루어졌던 것이다. 타협을 하는 자리에만 가면 전혀 듣지 못하고 싸우다가 끝나기도 하고, 토론의 부재로 전혀 핵심적이지 않은 엉뚱한 이유로 그릇된 결론을 내리기도 한다. 설득의 과정을 거쳐 내가 좀 불편하고 희생하더라도 들어서 좋은 대안을 만드는 것이 지는 것처럼 인식되기도 한다.

독서새물결모임에서 만난 교차질의식 토론은 예전과는 또 다른 생각을 하게 했다. 이젠 교차질의식 토론 심사자들이 기계적으로 준비하고, 우기기 식의 토론을 하는 아이들에게 잘 현혹되지 않는다. 토론의 분위기도 많이 바뀌어갔다. 무엇보다 양측 어느 편이 될지 모르는 상태에서 양측 주장의 근거를 준비하다 보니 생각의 균형이 잡혀가는 것을 느꼈다. 내가 원하는 한쪽 주장의 근거에만 빠져있다 보면 편협해지기 쉬운데 토론 틀 자체가 그걸 방지해 놓아 깊은 공부를 하게 했다. 이번 교차질의식 토론 주제는 다소 민감한 사안인 '원자력 발전'이었는데 극명히 갈리는 양측의 도서를 보며 참 고민도 생각도 많이 했다.

초등학교 6학년 아이들은 양측 주장을 보며 다소 혼란스러워하면서도 균형을 맞추어 서로의 근거를 이해하며 즐겁게 준비해 나갔다. 한 가지 주제를 이해하기 위해 수많은 책을 읽고 또 읽는 것을 보고 '이렇게 공부할 기회가 이 아이들에게 얼마나 주어질까?'란 생각을 했다. 무엇보다 의외로 많은 아이들이 승패가 있어 스릴 있는 교차질의식 토론을 엄청 재밌어 하기도 한다는 사실을 알았다. 초등학교 고학년이네 번 대회에서 세 번을 져도 뿌듯하고 기쁘게 배웠다는 생각을 하는 장면을 여러 번 목격했다.

교차질의식 토론도 '이기는' 것보다 '듣는' 것에 초점을 맞추어야 함을 강조한다면 초등학교 고학년부터 중등, 성인에 이르기까지 매우 좋은 공부 방법이 될 수 있을 거라 생각한다.

수많은 책들을 읽어야 하고 독서토론논술 심사를 하는 시간들이 쌓이면서 내 실력 또한 자라고 있다는 것을 느꼈다. 처음에 이야기식 토론 발문을 만들 때 3시간 걸리던 것이 점차 짧은 시간에 만들어졌다. 수많은 토론 심사 경험은 내 수업의 질을 향상시켰고, 이제 아이들과 책으로 대화하는 게 일상이 되었다.

배운다는 것은 무언가 대단한 목적을 가지고 학위를 따거나 관련 지식만을 쌓으며 이룰 수 있는 것이 아니었다. 독서교육을 잘 하려면 꾸준히 아이들을 만나고 글을 읽고 쓰며 반복해서 다양한 시행착오를 겪어야 한다. 교사의 전문성은 수많은 교육학책 내용을 줄줄이 꿰고 최신 논문을 읽는 것을 넘어서 수없이 아이들과 만나는 그 자체에서 주어진다는 것을 긴 기간에 걸쳐 몸으로 깨달았다.

우리 아이들도 그렇게 배운다. 과학을 배울 땐 과학자처럼 수없이 엉뚱한 시도를 해보아야 하고, 국어를 배울 땐 반복적으로 말하고 듣고 읽고 쓰는 경험을 해야 한다. 속도의 압박이나 무언가를 이루어야만 한다는 의무감 없이 그저 꾸준히 해나가는 자체가 자신도 모르게 성장하는 길이고, 이것이 결국 자존감을 자라게 할 것이다.

전국독서새물결모임은 내게 배움의 과정을 깨닫게 해준 스승이었다. 전국독서새물결모임의 임영규 회장님이 소명의식을 가지고 20년 가까이 하시는 일은 겉으로 보기엔 비효율적인 것 같지만, 결국 그 꾸준함이 가장 효율적으로 이 땅의 아이 뿐 아니라 교사도 살리는 일들이었다.

초등학생에게 필요한 건 결국 자존감

열심히 살다 보면 인생에 어떤 점들이 뿌려질 것이고,
의미 없어 보이던 그 점들이 어느 순간 연결돼서 별이 되는 거예요.
정해진 빛을 따르려 하지 마세요. 우리에겐 오직 각자의 점과
각자의 별이 있을 뿐입니다.

• 박웅현, 여덟 단어 •

'자존감'이 화두인 시대이다. 진로교육, 다문화교육, 인성교육 등 뜨거운 감자인 각종 교육에도 자존감이 핵심 키워드이다. 그 말에 나 또한 동의하고 '자존감'이란 말을 남발하는 사람 중 하나이다.

그런데 우리는 정작 아이들이 스스로를 존귀하게 여기는 데 얼마나 관심이 있는지 생각해볼 필요가 있다. 우선 가장 의문이 드는 것 중 하나가 '공부를 시킨다'고 하는 것이다. 난 이 말 자체가 자존감을 세워주는 일과 거리가 있다고 생각한다. 과연 우리가 인간이 세상의 이치를

알아가는 일을 억지로 시킬 수 있을까?

난 논문을 쓰는 3년 동안 우리반 아이에게 자아효능감을 높여 말하기 능력이 신장되는 것을 수치로 나타내려 애썼다. 또한 내 아이에게 책을 읽혀 책을 즐겁게 여기게 하려고 노력한 세월이 어언 12년이다. 그런데 결과는 엉뚱하게 나타났다. 말하기 능력을 신장시키려고 노력한 학생들은 별 차이가 없는데 별로 신경 쓰지 않은 다른 아이들은 더욱 자유롭게 잘 말했다. 책을 읽히려고 그렇게 애쓴 첫 아이에게 여전히 책은 부담스러운 존재인데 어릴 때 별로 읽어주지도 못한 작은 아이는 책을 정말 좋아한다.

내가 시키는 게 아니었다. 다만 내가 아이에게 바라는 것을 스스로 하려고 애쓰면 그 모습을 보고 아이는 마음을 내어줄 뿐이다. 하지만 많은 부모들이 각박한 세상을 헤쳐나가기 위한 구체적인 계획을 세워놓고 이 정도는 해야 한다고 생각한다. 아이가 힘들게 타인의 계획대로만 움직여야 하는 상황은 자신이 스스로 귀하다는 생각을 하기 어렵다.

최근 신문에서 아이들이 게임 중독에 빠지는 이유는 어려운 학업 성취의 좌절감을 해소하기 위해서이기도 하다는 기사를 보았다. 이런 경우 무조건 게임을 막기보다 아이들이 현실의 삶 속에서도 인정받을 수 있도록 적극적으로 도와야 한다는 것이다. 그러면 현실의 삶에서 주변에 인정받을 때까지 무엇을 열심히 시켜야 한다고 이해해야 하나? 그 분야가 주변에 인정받을 만큼 눈에 띄는 성격의 일이 아니라면, 열심히 시켰는데 누가 봐도 뛰어나다고 할 만한 실력이 아니라면 어떻게 해야 하나?

자존감을 세워주려면 우선 아이를 있는 그대로 그냥 보아야 한다. 어린 아이가 양보심이 뛰어날 수 없고, 문제를 척척 풀 수 없으며, 잘하는 게 별로 없고, 실수투성이인 것은 어찌보면 당연하다. 그런 것들에 민감해하지 않고 그냥 있는 그대로 따뜻하게 바라보며 조금씩 나아지도록 도움을 주는 것이 주변 어른들이 해야 하는 첫 번째 일이다.

베티 스텔리의 '인생의 씨실과 날실'을 보면 2세기 경 그리스 히포크라테스가 기질을 언급한 것을 시작으로 19세기까지 기본적으로 인간이 타고난 기질에 따라 인격 및 생활 양식에 차이가 있다는 것을 인정했다고 한다. 그러나 19세기 계몽주의 사상을 시작으로 행동주의, 프로이트 이론 등이 가세하며 후천적 양육이 인격 형성에 가장 지배적인 요인이라는 견해가 힘을 실어왔다. 그러면서 현대 심리학 이론에서 기질은 고려 대상에 제외되어 왔다는 것이다. 하지만 1970년대 이르러 타고난 기질에 주목하는 심리학자들이 늘어났는데, 유사환경에 자란 동물과 인간이 행동양식에 엄청난 차이를 보이는 사례가 많기 때문이다.

나 또한 내 아이를 키우고 학급 아이들을 만나며 아이의 타고난 부분을 이해하지 않고 교육한다는 것은 반쪽짜리라는 생각을 많이 한다. 고집스럽든 산만하든 두려움이 많든 말이 없든 늘 불평불만이든 양육태도의 문제로만 바라보지 않고, 그 아이를 인정하고 공감하며 알맞은 때에 그를 극복할 수 있도록 도와주려 한다. 물론 타고난 기질을 아이가 가진 모든 문제의 방패로 삼지 않고 끊임없이 지혜로운 도움을 주도록 늘 경계하며 말이다.

아이가 자라날수록 가정을 넘어서 인정받는 경험을 하는 것이 자존감 형성에 중요한 것은 맞는 말이다. 그래서 부모님들이 우리 아이 어디서든 칭찬 많이 받길 바라고, 친구들에게 소위 '인싸'가 되길 바라는 것 아니겠는가? 또한 그러기 위해서 기죽지 않도록 남들이 하는 것을 어느 정도 할 줄 알아야 하고, 선행학습을 시키기도 하는 것이다.

우리가 분명히 생각해야 할 것은 '내 아이의 존귀함을 인정받게 하기 위해 두루 우수하고 성실하게 기르려는 마음'과 '존귀한 한 인간으로서 세상에 나와 선한 자기 역할을 하기 위해 우수하고 성실하게 기르려는 마음' 사이에는 차이가 있다는 것이다. 어떤 마음이 부모와 교사로서 아이를 정말 소중히 여기는 태도일까? 전자는 뭔가 우수해야 인정을 받아 귀해지는 것이고, 후자는 어떤 상황이든 귀한데 마땅히 귀한 자로서 할 일을 해 나가도록 교육하는 것이다. 우리는 후자의 마음을 가져야 한다. 현재 아이의 모습이 어떻든 앞으로 될 일을 소망하며 그저 따뜻하게 이끄는 것이다.

그래서 공동체가 필요하다. 안전하고 우호적인 공동체 말이다. 사실 최상의 상황은 그 공동체가 학교가 되는 것이다. 학교에서 자신이 이 공동체에 기여를 하고 있으며, 괜찮은 사람이라는 것을 경험할 수 있게 도와주어야 한다. 그런 분위기 속에서 자란 아이들은 잘난 대로, 못난 대로 각자의 영역에서 행복하게 살아갈 수 있을 것이다. 꼭 학교가 아니더라도 신앙이 있다면 신앙 공동체도 더할 나위 없이 좋고, 동아리나 자주 만나는 축구 클럽도 좋다. 꾸준히 만나며 공동체 안의 친구들이 자신을 있는 그대로 드러내고 서로 지지고 볶으며 힘이 될 수 있어야 한다.

난 책모임을 그 공동체의 한 형태로 제안한다. 서로의 가정을 골고루 포함한 책모임이면 더 좋을 것이다. 서로의 가정을 살피고 이해하는 시간은 그 사람 자체를 이해하는 데 도움이 되고 또한 이는 진실한 대화와 토론을 이끌 것이다. 굳이 책모임인 이유는 책 속에 이야기가 있기 때문이다. 수많은 이야기들은 우리들의 이야기이고 그 이야기를 나누는 과정에서 공동의 가치를 형성하며 서로 이해해나가기 좋다고 생각했다. 공동체 안에서 친구들끼리 또는 다른 어른들에게 인정받은 아이들은 자신의 귀함에 상처를 크게 받지 않고 자신의 색을 찾으며 건강하게 자라날 거라 믿으며 난 책모임을 운영한다.

전두엽 리모델링 중이라는데

우리 학교 6학년 선생님들은 수업의 효율성을 높이고, 6학년 전체의 생활지도에 도움이 되고자 1년에 두세 차례 교환 수업을 한다. 엊그제 옆 반 수업을 하고 교실에 돌아왔더니, 우리반 수업을 하셨던 선생님께서 지치고 상기된 얼굴로 교실붕괴의 장면을 보시는 것 같다고 말씀하셨다. 산만한 것은 알고 있었지만 그 정도라고는 생각하지 않았던 나는 고민에 빠져들었다 '내가 아이들에게 너무 관대했을까?, 어디부터 무엇이 잘못되었을까?, 집단 상담을 해야하나?'

그 수업 후 아이들이 모두 하교하여 아무런 조치도 취하지 못한 채 긴 연휴에 들어갔다. 집에 돌아와서도 해결방법에 대한 생각이 머릿속을 잘 떠나지 않았다. 그 와중에 집어 든 책이 '십대들의 뇌에서는 무슨 일이 벌어지고 있나?'였다. 여름 방학이 지나고 몰라보게 훌쩍 커버린 아이들, 수학여행이 지나고 이성에 대한 관심들도 폭발하면서 사춘기의 냄새가 물씬 나던 터였다. 학기 초에 절반 정도 읽었는데 다시 단숨에 끝까지 읽게 되었다.

결과적으로 책을 덮고 나니 마음이 한결 가벼워 연휴를 좀 여유로운 마음으로 보낼 수 있었다. 당연히 반성과 대책을 세우지만, 자책이나 고통, 치열함으로 해결되는 성질의 것이 아니라는 것을 다시 한 번 상기할 수 있었다. 전두엽의 대대적인 개조, 뇌의 신호전달을 도와주는 미엘린화의 활발한 진행, 호르몬의 급격한 변화가 이루어지는 시기이기에 할 수밖에 없는 비정상적인 행동이라는 데 어쩔 것인가. 책 속의 사례에 숱하게 등장하는 청소년들처럼 술, 담배, 마약, 성관계가 아니라 교실에서 소리지르기, 돌아다니기 정도로 일탈해주는 아이들에게 오히려 안도감마저 느껴진다.

답답한 것은 이 아이들의 뇌가 급격하게 변화하는 시기에 접해야 할 자극의 방향이 옳지 않은 데로 갈 수밖에 없는 환경에 있다. 늦잠을 잘 수 없고, 마음껏 뛰놀며, 고민할 수 없는 시간적 공간적 상황 말이다. 우리네 이런 상황들이 아이들을 옳지 않은 자극의 방향으로 이끄는 것이다. 나름대로 6학년 아이들에게 다양한 체험과 좋은 자극을 이끄는 프로그램을 생각하여 투입하는데도 그 활동에 생기 있게 반응하지 못하는 아이들이 많다. 때론 학원에 지치고 스트레스를 받아 진지하게 활동에 임하기보다 뭔가의 분출구로 활동을 활용하고자 하는 것 같다는 생각도 든다.

그래도 나는 다시 이 아이들을 이해하고 남은 시간을 의미 있게 보내기 위해 무엇을 해야 할지 정리해봐야 할 것 같다.

-『십대들의 뇌에서는 무슨 일이 벌어지고 있나』 바버라 스트로치, 서나무, 2004.

돈의 주인이 되려면

독서토론논술대회 주제가 '돈'이다. 결혼 이후 내가 가장 관심을 많이 가졌던 분야가 '돈'이었다. 각종 재테크 및 투자에 한동안 빠져 있기도 했으니. 그런데 나이가 들수록 그런 관심이 자연스럽게 줄어들었다. 부부가 공무원이기에 난 분명히 먹고사는 데 지장이 전혀 없고 그렇게 시간을 많이 투자해가며 고민할 만큼 큰돈이 필요하지도 않았다. 여기까지 생각이 이르는데 엄청 많은 시간과 고민이 필요했는데 '인간은 돈으로부터 자유로워질 수 있다'에 대해 청소년들이 토론한다기에 과연 얼마나 의미 있는 일이 될지 생각만 해도 궁금하고 가슴이 뛰었다.

토론 지정도서는 '돈의 인문학'이다. 돈의 가치에 대한 이야기에 이어 '관계' 속에서 경제를 끌어가는 방법을 모색해 본 후, 돈의 주인이 되기 위해 우리가 생각할 지점들을 제시해주는 책이다.

책을 읽으면서 난 '돈의 주인'이 되는 방법을 이해하고 있고, 이해한 대로 실천하려고 애쓴다고 생각했다. 물론 문득문득 욕심이 솟아오르고, 주변 사람들의 가치에 휩쓸리는 상황들도 끊임없이 발생하여 흔들리기도 하지만 말이다. 그런데 어제 우리 아들의 말을 들으니 난 아직 '돈의 주인'이 되기엔 많이 부족한 것이 아닌가 싶다.

7살짜리 아들에게 "내년에 초등학교 들어갈 때 엄마 집에 있어 줄까?"라고 했더니 아들이 걱정스러운 얼굴로 말한다. "엄마 일 안 하고 쉬면 장난감은 못 사주는 거지?"

내가 대체 이 아이에게 무슨 말과 행동을 했었는지 생각을 하게 된다.

- 『돈의 인문학』 바버라 스트로치, 서나무, 2004.

5

살며 사랑하며 배우는
독서의 잠재력

교과서 밖으로 뛰쳐나와라

의학, 법률, 경제, 기술과 같은 것들은
삶을 유지하는 데 필요해.
하지만 시와 미, 낭만, 사랑은 삶의 목적인 거야.

· 죽은 시인의 사회 中 ·

    생각해보면 교과서는 감사하면서도 얄미운 존재다. 친절하게 내가 가르칠 내용을 안내해주어 내가 수업 자료를 따로 준비하는 수고로움을 덜어주지만, 융통성 있는 가르침을 펼칠 수 있는 길을 제한하므로 얄밉다. 국가 수준의 교육과정에서는 필요에 의해 융통성을 발휘하라고 하지만 아직 그게 쉬운 현실이 아니기에 하는 말이다.

    초등학생의 학습에 중요한 것 중 하나는 배울 대상에 대한 경이감과 호기심을 갖게 하는 것이라 생각한다. 그리하여 중등 이후에 깊이 있는 학문을 배울 때 동력을 발휘할 수 있도록 도와야 한다. 물론 우리나라가 중등 이후 교육이 깊이 있고 지적인 학문을 이룰 수 있는 상황인지는 생각해보아야 하지만 원론적으로는 그렇다.

학년에 따라 아이들을 만나면 꼭 들려주고 싶은 이야기들이 있다. 또한 학급 아이들 사이에서 일어난 일, 관심사 등에 따라 수시로 하고 싶은 말들이 생겨난다. 초등학생에게 호기심은 삶과 맞닿아 있을 때 일어나기 때문이다. 다행히 그런 것들이 대부분 교육과정 성취기준 내용에 담겨 있다. 그 나이에 아이들과 나누어야 할 주제들을 대체적으로 국가에서 제시하고 있다는 말이다. 성취기준의 분량이 좀 더 적어지고, 사회적 문제가 터질 때마다 하나씩 늘어나는 교육주제를 제발 더 주지 않았으면 하는 희망은 있지만 말이다.

문제는 그 내용을 가르치는데 사용할 텍스트와 이야기는 너무나 무궁무진하다는 것이다. 좋은 이야거깃리가 많고 좋은 활동이 많다. 그 이야기는 내가 만나는 아이들이 사는 곳, 흥미 및 성향에 맞게 선택되어야 하고, 다문화 가정이 많거나 한부모 가정이 많은 경우 그것도 고려하여 선택해야 한다. 초등학생이 제대로 배우려면 배운 내용을 자신과 주변에서 확인하고 생각해볼 수 있어야 한다. 즉, 배울 대상을 가까운 곳에서 늘 만날 수 있는 것으로 정하는 것이 좋다. 그러면 많은 반복과 깊이 있는 생각을 이끌기가 용이하다.

예를 들어 봄날 과학시간에 교정에 핀 꽃을 관찰하고, 그 꽃 관련 이야기 및 생태에 대해 충분히 듣고, 읽을 거리를 제공하며, 미술시간에 그것을 그리고, 국어 시간에 그 식물에 대해 시를 쓰고, 음악 시간에 그 꽃에 대한 노래를 불러 보았다고 하자. 그렇게 긴 시간 그 대상을 만난 아이는 봄마다 교정이나 마을에 핀 그 꽃을 볼 때, 그냥 지나칠 수 있을까?

국어시간 좋은 책 한 권을 선정해서 서너 달 동안 읽고, 각 교과 성취기준 관련 활동을 해나간다면. 그 책 속의 소재로 그림을 그리거나 판화를 만들어보고, 국어시간마다 간추려보고, 모르는 단어 국어 사전을 찾고, 등장인물의 마음을 살펴 시를 짓고, 책을 출판해보기도 하고, 사회시간에 책 속에 담긴 사회 문제를 재조명해보고, 관련 토론활동을 해본다면 아이들이 느끼는 국어시간이 단원별로 몇 쪽짜리 글을 읽고 문제를 풀고 활동하는 시간과는 많이 다를 것이다.

사실 학년, 학급 교육과정을 만들 때 위와 같은 재구성을 원한다. 교과서는 참고자료로 만들었다. 하지만 현실은 다르다. 입시의 막대한 영향력 속에서 우리나라 교과서와 ebs가 성전시 되기에 학교에서도 무시하기 힘들다. 물론 교과서로 수업하는 것이 좀 더 편하고 익숙하기에 교사들이 놓고 있지 못하는 부분도 있다.

교과서를 참고자료 삼아 주제통합 수업을 많이 시도하지만 가정의 반응은 제각각이다. 부정적인 의견의 대표적인 것이 '교과서와 텍스트가 달라 복습시키기 어렵다.','교과서 순서대로 진도를 안 나가 정신이 없다.','학교에서는 놀고 결국 공부는 집에서 시켜야 한다.'와 같은 말이다. 대체 그 공부는 무엇인가? 난 학창시절 주변 사람들이 말하는 소위 '공부'를 많이 했지만, 내가 정말 공부했다고 느낀 건 성인이 되어서다. 내가 이 땅에 어떻게 살아가야 하는지 끊임없이 책들을 집어 들고 고민하고, 내가 만나는 아이들이 어떤 존재인지 알고 싶어 열심히 읽고 시도해보고 생각한 것들이 가장 공부다운 공부였다.

물론 학창시절 억지로 그렇게 해서 선생이 되었으니 지금 그런 우아한 말들을 하고 있는 게 아니냐고 하면 그 또한 맞는 말이다. 하지만 난 내 아이가 자연스럽게 자신의 페이스대로 호기심을 따라 공부를 했는데 대학입학 결과가 안 좋다거나 대학에 가지 않는다고 해도 괜찮을 수 있다. 그게 끝이 아님을 너무나 잘 알기 때문이다. 올바른 가치관과 배움에 대한 열정을 가지고 살아간다면 좀 덜 벌더라도 관련해서 어떤 밥벌이는 있을 거라고 믿고, 지금 행복해지는 법을 배워 나간다면 훗날도 행복할 수 있을 것이라고 믿는다.

공부는 내가 만나는 대상에 대해 자연스럽게 접하고 이야기하고 생각하며 호기심을 가질 수 있게 해야 한다. 한 주제에 대해 문학적, 예술적, 과학적으로 다양하게 접근하고 배울 대상에 대한 신비로움과 호기심을 갖도록 활동을 구안하는 것이 중요하다는 것을 해가 갈수록 느낀다.

그러려면 교과서를 뛰어넘어야 한다. 학부모는 교육과정 재구성을 하려는 교사에게 우려의 시선이 아니라 지지의 시선을 보내야 하고, 교과서 밑줄이 비어 있는 것을 불안해하지 말아야 한다.

나는 초등학교에서 국어, 사회, 과학 문제풀이 복습을 해야 하는지에 대해서 사실 회의적이다. 배움에 대한 신비로움을 앗아갈 것 같은 생각을 지울 수 없기 때문이다. 초등학교 사회, 과학은 우리가 주변에서 만나는 내용이 많이 나온다. 관련 서적을 접하고 많은 이야기를 들려주고 주변을 잘 관찰할 여유를 준다면 문제풀이보다 더 나은 복습이 된다.

앞으로 남은 교직생활 동안 교과서의 모든 빈 칸을 채워가며 수업을 할 자신이 없다. 우선 내가 그 지루함과 의미가 더디 생김을 견딜 수 없기 때문이다. 초롱초롱 신비에 찬 눈빛을 보이는 아이들이 없다면 수업을 해 나갈 수가 없을 것 같다. 물론 정리가 잘 되어 있는 교과서가 최적의 텍스트가 될 경우도 적지 않다. 교과서를 무시하라는 이야기가 아니라 너무 얽매이지 말자는 이야기이다. 언제까지 학부모님께 교과서가 비어 있을 수 있다는 걸 양해 구해야 하는 분위기가 될는지 모르겠다. 머지않아 성취기준만 가지고 각 교사가 학생들을 파악하며 자유롭게 텍스트를 선택하는 것이 매우 자연스러운 시기가 올 것이라고 믿는다.

모든 순간을 배움으로 만드는 온작품읽기

속독이 유행한 적이 있었다. 빨리 읽으면 많은 양을 읽을 수 있고
그만큼 효율을 낼 수 있기에 속독법을 배운다. 하지만 책 속의 다양한
장치를 찾고 작가의 의도를 깊게, 창조적으로 이해하는 데는 느리게
읽어야 한다는 주장에 힘이 실리며 교육계에도 슬로리딩 바람이 분다.
실제로 고대 철학자가 접한 책의 권수가 현대인에 비해 많다고 하기
힘들 것이나 그들이 무지하다고 여기는 사람은 없다. 사실 고전과 같
은 양서를 깊이 있게 읽고 깨달으면 그 깨달음은 다른 수많은 지식을

다룰 수 있는 위치에 있을 수 있기 때문에 질적인 독서가 중요하다는 데 나는 전적으로 동의한다. 물론 양서의 질적인 독서를 하기까지 많은 연습이 필요하다는 측면에서 닭이 먼저인지 달걀이 먼저인지 생각해야 할 수도 있지만.

교과서를 뛰어넘어 배울 내용에 대한 깊은 생각을 이끌기에 가장 좋은 방법 중 하나가 온작품읽기이다. 온작품읽기는 작품을 온전히 읽는 데 초점이 있어야 한다는 말이고, 슬로리딩은 읽는 속도를 늦추고 깊이를 더하자는 데 초점이 있는 용어로 현장에서 구현할 때의 모습은 크게 다르지 않다.

'온작품읽기'라는 말을 보고 '책을 읽는데 당연히 전체를 읽지.'라는 생각이 들 수 있지만, 이는 우리의 국어 교과서의 문제점을 극복하기 위한 읽기 방법이다. 여러 성취기준을 실어야 하는 교과서에는 텍스트가 분절적으로 실릴 수밖에 없기 때문이다.

단적인 예로 초등학교 2학년 국어 교과서에 '자신 있게 말해요'라는 단원이 있다. 당연히 성취기준은 자신 있게 말해보자는 것이다. 그 단원을 배우는 데 사용된 지문은 그림책 '아주 무서운 날'이다. 그림책의 주인공 링링은 발표를 못한다. 그래서 심장이 쿵쾅쿵쾅, 온몸이 화끈화끈, 숨이 컥컥 막히고, 머릿속은 눈사람처럼 새하얘진다. 교과서는 딱 이 부분을 싣고 아이들에게 이런 경험을 해 보았느냐고 묻는다. 발표를 한 경험을 나눈 뒤 자신 있게 말하면 좋은 점을 이야기하고 두 차시 수업을 정리한다. 물론 이게 문제가 있는 수업은 아니지만 '아주 무서운 날'이란 책의 입장에서 보면 황당할 수 있다. 이 책에서 말하고자 하는 메시지는 링링처럼 자신감이 없고 힘들지만 극복해서 자신 있게 말해보자는 것이 절대로 아니다. 책 말미에 링링은 30년이 지났는데도 여전히 발표 울렁증이 심하지만, 30년 후 그는 전 세계 최연소 건축상 수상자 소감을 말하는 자리에 서 있다. 사실 괜찮다는 것이다. 사람은 다 다르고 각자 주어진 능력이 다르니 남들 다 하는 발표를 못해도 괜찮다는 이야기이다.

자신 있게 말하는 것은 자신 있게 나와 발표해보라고 할 수 있는 게 아니다. 물론 잘 하는 아이도 있지만, 2학년의 경우 그렇지 않은 아이가 더 많다. 아이들이 자기 이야기를 편하게 할 때는 자신이 안전하다고 느낄 때이다. 집에서 말 안 하는 아이를 보았는가? 매주 월요일 아침 둘러앉아 차를 마시며 주말 지낸 이야기를 하는 경험을 꾸준히 해보고, 말하기 싫으면 패스해도 되는 분위기가 되면 아이는 안전하다고 느끼고 어느새 자기 이야기를 늘어놓는다.

난 2학년을 담임할 때 자신 있게 말하기는 교과서를 펼치지 않았다. 매주 주말 지낸 이야기를 나누었고, '아주 무서운 날' 그림책을 여러 차례 읽어주었다. 지금 링링처럼 아이들에게 어려운 것들을 함께 나누고 반대로 다른 아이들보다 어렵지 않은, 내가 잘하는 것들을 보여주는 시간을 가졌다. 자연스레 독서, 말하기, 진로교육을 한꺼번에 진행했다. 이런 이유로 온작품읽기를 하는 것이다. 책을 읽는다는 것은 그 자체로 온전해야지 어떤 성취기준을 달성하기 위한 수단으로만 사용하면 작품도 제대로 보지 못하고 학습자도 재미가 없다.

초등의 경우 온작품읽기를 할 때 어느 학년이든 책을 처음부터 끝까지 소리내어 읽는 편이다. 다같이 읽기도 하고, 역할을 맡기도 하며 돌아가며 읽기도 하고 선생님이 읽어주기도 한다. 그러면서 끊임없이 국어사전 찾는 연습을 해보고, 성취기준과 관련하여 핵심어도 찾고 요약도 하며 인물의 마음도 알아보고 이야기의 구성요소도 알아본다. 질문과 토론도 하고 연극도 하며 시도 지어 본다. 책 속에 동물이 나오면 그 동물의 특성과 생김새도 탐색하고 관찰한다. 미술시간에는 책 속에 있는 물건을 직접 만들기도 하고 책 표지를 그리기도 하며 음악 시간에 노래를 배운 뒤 책 내용으로 개사를 하기도 한다. 이렇게 오래도록 읽은 책은 아이들 삶에 스며든다. 어느 해에는 쉬는 시간에 아이들이 책 속의 인물을 서로 별명으로 짓고 노래를 만들어 한참 놀기도 했으며 어느 해에는 설레는 맘으로 읽은 책의 작가를 만나 질문을 하고 싸인을 받으며 기뻐하기도 했다. 다음은 '뒷간 지키는 아이'라는 책을 읽고 작가와의 만남에 초대했었는데 일찍 도착해서 책놀이 한마당을 둘러보신 김해우 작가님이 남겨주신 메시지 내용이다.

"초대해주신 덕분에 저도 즐거운 시간 가졌습니다. 일찍 도착해서 둘러보니 책 한 권으로 다양한 활동을 하는 게 놀라웠어요. 선생님들의 노고에 감사드립니다. 아이들도 참 밝고 착하더군요. 한 책을 깊이 있게 공부하니 작가에 대한 애정도 깊어지는 것 같아요. 정말 좋은 경험이었습니다. 힘을 내서 더 좋은 작품 쓰도록 할게요. 늘 건강하세요."

책을 읽는 것이 삶이 되고 놀이가 되며 어제 국어시간에 읽은 내용에 이어 다음 국어시간에 어떤 내용이 펼쳐질지 기대하는 마음으로 꾸준히 만나는 경험은 온작품읽기만이 줄 수 있는 엄청난 매력이다.

다만 이 매력에 빠지려면 교사의 노력이 필요하다. 학년에 알맞은 책을 선정할 수 있어야 하고, 성취기준을 녹여 수업해낼 수 있도록 활동을 구안해내야 한다. 그런 수업을 받아본 적이 없고, 익숙하지 않지만, 한두 해 경험해보면 못할 교사도 없다. 사실 우리나라 교사 중 그 정도의 역량이 없는 사람은 없다. 문제는 아직 우리 학교처럼 다함께 힘을 모아 시도하지 않는 이상, 교사가 교과서를 다루지 않으면 눈치를 볼 수 밖에 없는 사회적 분위기에 있을 것이다.

온작품읽기는 가정에서 실천하기에 더욱 좋다. 아이와 책을 선정하여 자기 전에 시간 날 때마다 나누어 읽어주며 대화를 나누는 것은 더없이 좋은 활동이다. 초등학년에서는 국어 문제집을 많이 푸는 것보다 자연스레 온전한 책읽기 경험의 기회를 많이 제공하는 것이 좋다. 무리하지 않게 읽는 책은 배울 대상에 경이나 호기심을 촉발시키지만, 반복적인 문제풀이는 배울 대상에 대한 경이감을 앗아갈 위험이 더 많기 때문이다. 여기에 더하여 생활 속에서 관련 활동을 해보면 더없이 좋을 것이다. '꿈꾸는 레모네이드 클럽'을 읽고 레몬네이드를 만들어 먹어본다든지, 나니아 연대기 전쟁 장면을 그림으로 표현해 본다든지, 역사 관련 유적지를 방문하는 등 말이다. 미술가의 그림책이나 위인전을 보고 미술관을 방문하는 것도 좋은 온작품읽기 사례일 것이다.

그런 일이 반복되면 아이들은 자연스럽게 책 속의 이야기를 삶으로 끌어오게 된다. 우연히 만난 사람이나 선생님을 책 속의 인물들과 비유하기도 하고 책 속의 인물을 보고 용기를 내기도 했다. 우리 아이는 '사자왕 형제의 모험'을 보고 나서 학교에서 발표하는 일이 주저될 때 '나도 요나탄처럼 용기를 내 볼까?'와 같은 말을 하곤 했었다. 시골에서 뿌연 산을 보고 그림책 '새벽'에서 본 느낌과 닮았다고 생각하며, 읽은 책과 비슷한 이야기를 패러디하여 자신만의 책을 수차례 만들기도 한다. 건강한 여가 시간이 만들어지고, 삶의 순간 순간을 배움의 장으로 끌어올 가능성이 높아진다는 이야기이다. 학교와 가정에서 온작품읽기를 공들여 실천해볼 충분한 가치가 여기에 있다.

아이의 평생을 좌우하는
인성독서

우리는 자신과 자신의 일상을 잊고자 책을 읽어서도 안 된다.
이와는 반대로 더 의식적으로, 더 성숙하게 우리의 삶을 단단히 부여잡기 위해
책을 읽어야 한다. 우리가 책으로 향할 때는, 겁에 질린 학생이 호랑이선생님께
불려가듯 백수건달이 술병을 잡듯 해서는 안 될 것이며,
마치 알프스를 오르는 산악인의 또는 전쟁터에 나가는 군인이 병기고 안으로
들어설 때의 마음가짐을 가져야 하리라. 살 의지를 상실한 도망자로서가 아니라,
굳은 의지를 품고 친구와 조력자들에게 나아가듯이 말이다.
만약에 정말 이럴 수만 있다면, 지금 읽는 것의 한 10분의 1가량만 읽는다고 해도,
우리 모두 열 배는 더 행복하고 풍족해지리라.

• 헤르만 헤세, 헤르만헤세의 독서의 기술 •

난 시험 점수 올리기 위해서나 학위를 따기 위해 책을 읽을 때와 내
가 이 땅에 온전히 숨쉬고 살아가기 위해서 책을 집어 들었을 때의 엄
청난 차이를 경험했다. 헤르만 헤세가 말한 '더 성숙하게 우리의 삶을
단단히 부여잡기 위해' 책을 읽었을 때 깨달음과 실천이 이어지더란
말이다. 궁극적으로 독서는 '아하!'하는 깨달음이 있어야 하고 그 깨달
음으로 인해 실천을 이끌어 주변에 선한 영향을 미치는 사람이 되는
데 있을 것이다. 예전에 오히려 읽을 글이 많지 않았을 때에는 글 좀

읽는 사람들이 인격적으로 고매한 스승의 대우를 받았다. 실제로 아는 자가 아는 자 답게 행동하기도 했던 것이리라. 유대의 랍비들은 아무리 쉬운 개념이라도 자신이 실천하지 못하는 것이라면 절대 '안다'고 말하지 않는다는 일화는 유명하다. 하지만 요즘 글 좀 읽은 사람이 넘쳐나는 데 오히려 그런 사람을 더 신뢰하지 못한다. 이는 삶을 단단히 부여잡기 위해 읽지 않기에 글자만 읽어 깨달음과 실천으로 이어지지 못하기 때문일 것이다. 출세의 도구나 필요에 의해서 책을 놓지 못하기도 하지만, 책을 통해 도끼에 맞은 듯 깨달음이 이루어져도 책을 놓을 수가 없게 된다. 마치 중독처럼 내 삶을 더 성숙시킬 수 있는 책을 끊임없이 찾게 되기 때문이다. 우리가 독서를 지도하려면 책과 함께 동행하는 사람이 되도록 해야 한다. 물론 그저 필요나 훈련에 의해 읽다가 깨달을 수도 있고, 깨달은 자도 필요나 훈련으로 읽기는 한다. 하지만 기본적으로 책을 대하는 태도가 삶의 변화를 이끄는 데 방점을 두는 것이 좋다고 생각한다.

온작품읽기를 하다보면 시간이 길어질 수밖에 없고, 삶의 순간순간 만나는 문제와 연결되어 소통하는 것이 매우 자연스럽게 된다. 아이들이 놀이시간에 작품 속 인물 이름을 별명 지어 친구를 부르거나 책 내용으로 노래를 만드는 등의 행동을 하는 것만 보아도 알 수 있다. 책과 삶을 분리시키지 않고 자연스럽게 통합시키는 것이다. 아이들이 건강하게 생활하고 삶의 일상을 보내는 가운데에서 '독서와 토론'을 매개로 소통하는 시간이 길어지면 책 속 메시지가 살아 숨쉬기에 적합한 상황이 된다. 초등시절에 책을 통해 큰 깨달음과 실천을 바라는 것은 이치에 맞지 않다. 다만 책을 대하는 방식이나 태도가 삶과 연결되어 있음을 끊임없이 보여준다면 아이들은 책을 통해 진정 인성을 함양시키는 방향으로 나아갈 수 있다고 믿는다.

책은 무조건 중요하니까 매일 꼭 읽도록 의무적인 '틀'을 만들면 깨달음으로 연결되기보다 '싫은 공부'로 인식하여 삶과 분리되어 책을 만날 가능성이 높다. 그러면 책은 오히려 인성교육과 멀어지고 책 속의 귀한 말들이 들려오지 않는다. 그저 밥을 먹듯이 책과 함께 살아가며 책 속의 메시지가 삶과 연결되어 있다는 것을 나눌 수 있는 장을 만드는 것이 책을 통한 인성교육으로 가는 지름길이 될 것이다. 그런 측면에서 놀이를 포함한 가정 독서모임이 장기적으로 책을 읽는 습관을 기르는데도 책과 동행하는 데도 책을 통해 인성을 함양시키는 데도 가장 강력한 방법이라는 생각이다.

책을 함께 읽는 사람들이 삶을 나누는 사람들일 때 서로 불편함도 공유할 수밖에 없게 된다. 그런데 그 불편함을 공유할 수 있어야 핵심적인 질문을 던질 수 있고 행동의 변화를 꾀할 수 있다. 매일 만나는 친구, 가족이 어찌 보면 가장 편안한 상대이면서 힘든 상대이기도 하다. 숨길 수가 없기 때문이다. 염려에 둘러싸인 엄마와 함께 '두려워하지 말라'는 구절을 나누면 아이는 바로 엄마에게 의문을 가질 수 있다. 두려워하지 말라면서 엄마는 왜 늘 두려워하는지 궁금할 수밖에 없을 것이다. 공부가 인생의 전부가 아니라면서 왜 공부를 노래하는지 대화하지 않을 수가 없다. 가장 가까운 아이에게서 그 지적을 들을 때 엄마는 깊이 생각하게 된다. 매일 싸우는 친구와 함께 책을 보면 분명 서로 불편한 지점, 즉 하고 싶은 돌직구의 언어가 떠오를 것이다. 우리가 늘 갈등을 일으키는 이유를 생각하지 않을 수 없는 것이다. 그 과정을 거쳐야 깨달음과 변화의 문이 열린다.

전혀 모르는 친구들과 일주일에 한 시간 만나서 책을 읽고 글을 쓰며 바로 헤어지는 경우에는 오히려 좀 편안할 수는 있다. 물론 그 과정도 필요하다는 것을 안다. 나이가 들수록 틀에 맞추어 꾸준히 훈련하는 부분도 절대 간과해서는 안된다는 것을 이해한다. 그러나 그냥 선생님이 시키는 대로 읽고 쓰면서 훌륭한 말들을 늘어놓고 칭찬받기도 하고, 적당히 속마음을 숨겨도 전혀 수업에 불편함이 없는 것보다 삶을 공유하는 불편함을 함께 하는 것이 더욱 독서의 본질에 가까워진다는 생각이다. 삶을 공유하는 경우에는 솔직해지지 않을 수 없고, 나와 주변을 객관적으로 보지 않을 수 없다. 그 과정이 성숙에 이끄는 강력한 방법이기에 삶과 함께 하는 독서가 중요하다는 것이다.

글을 읽는다는 것은 절대 글자를 읽거나 문맥만 이해하는 게 아니다. 우리는 죽기 직전까지 가봐야 한 문장을 이해하기도 한다. 한 문장을 읽고 절절하게 눈물을 흘리며 통탄을 하는 경험은 삶의 변화와 선한 영향을 이끈다. 나는 우리 아이들이 그 길로 간다고 믿고 길고 긴 과정을 거치며 인성독서 방법을 실천해오고 있다.

고전을 읽는 이유

10월 말, 각종 행사를 거치고 학기말을 향해 가며 아이들이 지나치게 자유분방해지는 시기이다. 해를 거듭할수록 아이들이 견디는 것을 힘들어한다는 생각이 든다. 설명을 듣는 것, 차분히 읽고 쓰는 것을 어려워한다.

그런데 잘 생각해보면 공부에 재미를 붙이기까지 과정에 어떻게 즐거움만 있을 수 있을까? 뭐든 재미를 느끼려면 어려움을 견디는 과정이 있어야 하는 법이다. 자꾸만 날아가려는 아이들을 붙잡으며 어디까지 이끌어주어야 하고, 어디까지 내버려두어야 하는지 매일이 고민이다.

연이은 체험활동 속에서 만난 '정민 선생님이 들려주는 고전 독서법'은 다시 공부와 독서의 원론적인 의미를 되새겨 주었다. 자연을 보는 것도 체험을 하는 것도 모두 독서이고 배움인 것은 틀림없지만, 그 내용들을 진정한 배움으로 이끌기 위해서는 우선 주견이 서야 한다. 그런데 주견이 서려면 어려움을 견디며 배움 속에서 깨달음을 얻어야 한다. 깨달음이 있고 나서 그것이 삶 곳곳에 직접적으로 연결되어야 제대로 배운 것이고 제대로 살아가는 삶이라고 할 수 있다. 그 깨달음을 얻는 데 독서, 그 중 고전 독서가 큰 도움을 줄 수 있다고 하였다.

사실 주견을 갖는 것, 깨달음을 얻는 것 등 내가 되지도 않은 경지에 초등학교 6학년 아이들을 이르게 하고 싶다는 욕심을 부려서는 안 된다는 생각은 든다. 그렇지만 이런 저런 노력을 통해 언젠가 지나치지 않는 지점을 찾을 수 있으리라는 믿음을 갖는다.

- 『정민 선생님이 들려주는 고전독서법』정민, 보림, 2012

하룻밤이 주어진다면

우리 학교는 5월에 책놀이 주간이 있다. 그간 이루어진 학년별 다양한 독서활동을 축제 형식으로 즐기고, 도서관 야간 개방, 작가와의 만남, 샌드 아트, 책놀이 등의 행사도 진행한다. 이번에 초대하기로 한 작가가 이금이 선생님이다.

이금이 선생님은 청소년 문학의 아이콘이다. 너도 하늘말나리야, 유진과 유진, 소희의 방, 금단현상은 6학년 아이들과 읽으며 많은 공감과 감동을 일으켰었다. 최근 처음으로 역사 소설에 도전하시며 '거기 내가 가면 안돼요?'도 출간하셨다.

그런데 찾아보니 비교적 어린 초등학생이 읽기에 좋은 이금이 선생님 책도 꽤 많았다. 우리 학교 3학년 온작품읽기 도서로 선정한 '밤티마을 큰돌이네 집'을 비롯한 밤티마을 시리즈는 초등 중학년 아이들의 마음을 잘 움직여주었다. '가족'의 의미를 곰곰이 생각하게 하고, 각 구성원 입장에서 갖는 아픔과 상처가 고스란히 내 안에 박히는 것 같아 여러 번 울컥해야 했다.

몇 년 전에 출판된 '하룻밤'은 저학년 아이들 대상의 도서이다. 너무 큰 기대를 해서인지 사실 착 달라붙은 재미와 감동은 덜 했지만 잔잔히 추억에 젖어들 수 있었다. 동화 '세 가지 소원'과 '토끼와 자라', 그리고 춘천 공지천에서 들어본 것 같은 '공지어' 설화가 오묘하게 겹쳐지며 용왕 나라를 여행하고픈 욕구와 상상을 일으킨다.

    8살짜리 손자와 삶의 끝자락에 있는 할아버지가 낚시를 하며 나눈 이야기와 특별한 경험은 자꾸 나를 돌아보게 했다. 우리 엄마가 삶의 끝에 시간을 남겨 놓으셨을 때 왜 나는 특별한 하룻밤을 만들지 못했을까? 다시 그 시간이 주어진다면 어떤 하룻밤을 보낼 수 있었을까? 지금 나는 우리 아이들과 어떤 하룻밤들을 보내며 이야기를 남겨가고 있을까?

    오늘 밤은 우리 아이들과 '하룻밤'을 읽으며 함께 만들고 싶은 특별한 하룻밤 목록과 세가지 소원 이야기 좀 나누어 보아야겠다.

- 『하룻밤』 이금이, 사계절, 2016

수업 낯설게 보기

우리 학교가 혁신학교로 재지정이 되며 혁신 2기의 방향에 대한 논의가 활발하다. 혁신 2기의 목표부터 방향, 체계, 보완할 점에 이르기까지 끊임없이 회의하고 회의한다. 논의가 활발하지 않으면 분임토의를 했다가 다시 전체가 모여 논의 결과를 듣곤 한다.

우선 시간이 걸리기에 우리 학교 내에도 이 회의 문화의 효율성을 의심하는 이들이 있지만 난 무엇보다 효율적이라고 생각한다.

학교 행사, 통지표 양식, 수업 공개 방식, 주제 통합 수업 방향 등을 논의하려면 그것을 하는 목적, 본질에 대한 공유를 하지 않을 수 없다. 교직 경력 10년 이상만 되어도 늘 하던 것에 익숙하여 이것을 왜 하는지에 대한 고민 없이 기계처럼 행해지는 것들이 많다. 늘 하던 것들을 다시 보려면 정말 중요한 것과 불필요한 것들을 생각하게 된다. 관리자와 구성원의 의지가 담보되면 필요 없는 건 과감히 없애면 된다. 중요한 것들을 잡으려면 동교 교사와 학생, 학부모를 바라보는 관점, 수업을 바라보는 관점에 대해 정리해야 한다. 그것을 함께 고민하고 조금씩 바꾸어 실천해 보는 것만이 교사 한 사람, 한 사람을 변화시키는 가장 효율적인 방법이라고 생각한다.

'누구나 경험하지만 누구도 잘 모르는 수업'에서는 낯선 관점으로 학교와 교실을 바라보아야 하는 이유와 우리 수업의 변화 방향에 대해 깊이 있게 차근차근 이야기하고 있다. 사실 이 책에서 낯설게 바라본다는 관점이 내게 익숙한 건 혁신을 하고자 고군분투하고 있는 학교에 근무하고 있기 때문일 것이다.

올해는 우리 교실을 열어보려고 한다. '수업 공개'라는 학교 행사가 아니라 동료 장학의 측면에서 내 발문이나 특정 아이 관찰을 부탁하고 우선 동학년 선생님들부터 마음껏 초대해볼 생각이다. 주제통합 수업이 반영된 실제적인 교육과정을 열심히 만들며 동학년 협동 수업도 구상하고 있다. 물론 생각만큼 잘 되진 않을 때가 많다. 그렇지만 이 길이 내 수업과 우리네 수업을 예술적으로 이끌고 전문성을 확보하는 바른 방법이라고 생각하기에 두렵지는 않다.

- 『수업』 이혁규 저 , 교육공동체 벗, 2013.

6

좌충우돌 알콩달콩
독서토론교육

아이들은 즐거워야 배운다

싫어하는 일을 계속한다는 건 고역입니다.
배움을 싫어하는 아이들에게 '노는'기분으로 배우는 방법을 가르치는 것,
이것이 부모와 교사가 해야 할 일입니다.

• 하시모토 다케시, 슬로리딩 •

아이들은 공부와 놀이의 경계가 모호할수록 진실하게 자란다. 언뜻 들으면 화들짝 놀라겠지만 노는 게 공부가 되고 공부하는 게 놀이가 되도록 가르치고 배울 때 어른도 아이도 성장한다. 어른은 자신이 모범이 되어야 가르칠 수 있고, 아이는 배운 내용을 삶으로 정직하게 끌어와야 아름답게 성장할 수 있기에 그렇다.

초등학교 고학년은 물론이고 3-4학년도 아이가 의미 있는 문제 행동을 일으킬 때 부모님께 말씀드리면 잘 모르시는 경우가 적지 않다.

한 해를 함께 보내는 담임 선생님이나 학원 선생님도 수업 시간이 아닌 평소 아이의 다른 모습을 잘 모르는 경우가 많다. 그들이 잘못했다는 이야기를 하려는 게 아니다. 문제가 되는 행동은 정형화된 수업 상황일수록 잘 드러나지 않는다는 말을 하고 싶다. 공부는 지겨운 것이고, 노는 건 또래끼리만 하는 좋은 것이라는 분리된 인식은 삶과 배움을 괴리시킨다. 예를 들어 매일 피아노 학원에 와서 각자 피아노를 치고 검사받고, 이론을 쓰는 반복적인 활동만 하고 집에 돌아가는 상황에서 선생님이 아이의 생각이나 교우관계를 이해할 수 있을까? 피아노 선생님 또한 아이의 피아노 실력 신장에 관심이 가장 큰 건 너무도 당연하다. 학교에서도 마찬가지일 수 있다. 주로 각자 학습지를 하고 검사하며 영상을 보고 설명하는 수업을 하는 경우, 글을 읽고 가급적 쉬는 시간에는 화장실만 다녀오며 나머지 시간 안전하게 영상을 보거나 각자 조용히 할 수 있는 놀이만 하는 경우라면? 학업 능력이 우수한지 아닌지, 산만한지 아닌지는 좀 더 알 수 있지만 미묘한 교우관계를 포착하거나 아이 마음의 갈등이나 고민, 문제 해결 방식 등을 이해하는 것은 어려워진다. 지나치게 순수하거나 솔직한 영혼인 경우가 아니라면 아이들은 수업 시간에 욕하거나, 친구를 따돌리거나 마음을 나누기 어려워하는 모습을 내비치지 않는다.

규칙이나 상벌을 구체적으로 들이댈수록, 학교에서는 이래야 한다고 강하게 쉴드를 칠수록 그 현상은 뚜렷해진다. 이상한 짓은 어른이 안 보는 곳에서 하면 그만이다. 그런 상황에서는 좋은 책과 도덕 교과서가 무용지물이다. 독서토론이나 논술학원이라 해도 읽기 능력 신장에 초점을 둔 경우, 그 좋은 책들의 간절하고 간절한 메시지들을 접하고도 이건 책 이야기로 끝나도록 가르칠 수 있다는 이야기다.

　이 현상은 교육계의 신뢰 추락과 '전문가'의 개념에 대한 혼동에서 빚어진다. 공부는 학원에서 시키니 학교는 아이를 잘 데리고 놀기만 하면 되는 곳이라거나, 학교에서 하는 일은 당해 학년의 교과 개념 익히기를 오차 없이 정확히 하는 것이라고 믿는 두 가지 모두 신뢰가 없기 때문에 벌어지는 일이다. 어찌 삶의 기초 소양을 기르는 초등학교가 아이를 그냥 안전히 데리고 있거나 시험을 잘 보게 해주는 곳이란 말인가? 이런 인식이 팽배해지면서 교사들도 아이의 정서적 문제는 가정의 문제이고, 부진일 경우 학원에 보내라 하고, 학폭 사안이 일어나면 학교폭력자치 위원회로 넘겨버리고 자신은 제3자 입장으로 빠지는 일이 당연시된다. 즉, 교사도 진정한 전문가로서 책임을 지지 않는 분위기가 만연하고 이는 다시 신뢰추락으로 이어지며 교육계가 멍들어가는 것이다. 모든 주체가 너무 상처가 많고 힘들기에.

　초등 교사의 전문성은 삶의 기초적인 소양을 길러주는 데 있다. 초등학생이라는 대상은 그 기초 소양을 말과 글로만 익히기에는 특별하고 순수한 존재다. 그들은 몸을 움직이며 꾸준히 겪어 나가며 배운다. 그래서 수업도 초등학생에 맞게 이루어져야 한다. 다행히 교육과정이 점점 그에 맞게 변화하고 있고 많은 교육정책도 이를 돕기 위해 고군분투한다. 하지만 입시에 매인 사회적 인식은 참으로 더디어 주변 사람들을 만나면 '교육과정만 바뀌고 있나?'라는 회의를 느끼는 일이 많다.

　하지만 경험적으로 분명 아이들은 공부와 놀이의 경계가 모호할 때 건강하게 자란다. 우리 학교 아이들은 쉬는 시간에 강낭콩을 관찰하고 리코더를 불고, 저글링을 하고(체육 교과 시간에 배우는 것), 책을 읽는 아이들이 꽤 있다. 80분 수업에 30분 놀이 시간인데 전 수업에 배웠던 내용을 쉬는 시간에 놀이 삼아 연습하는 것이다. 학교 전체적으로 놀이 시간은 안전 문제만 아니면 절대 교사가 관여하지 않는 분위기이다. 교실에 많은 놀잇감을 비치해 두고 운동장에서는 체육 선생님이 함께 축구를 해주기도 한다. 그 와중에 수업 시간에 배운 것을 익히는 아이들이 보인다는 것이다. 그건 정말 하고 싶어서 하는 것이고 그 아이에게는 그게 놀이이다. 이것은 건강한 여가 시간을 만드는 일과 직결된다. 텔레비전이나 핸드폰과 같은 도구가 없어도 배운 내용을 가지고 놀 수 있는 연습을 하는 것이다. 물론 이 중요한 일이 되어가는 것을 보려면 10분이 아닌 30분 놀이 시간에 아이들이 싸우거나 심심해하거나 좀 다치는 일이 있더라도 지혜롭게 견디는 일이 필수적이긴 하지만 말이다.

아이들이 스스로 배운 내용을 '습'하며 건강하게 노는 방법을 잘 알게 하려면 두 가지가 필수적이다. 하나는 배운 내용이 노는 시간에 '습' 할 수 있을 정도로 재미가 있어야 하고, 지루한 여가 시간이 많이 주어져 다양한 시도를 해 본 경험이 있어야 한다. 즉, 자극의 역치가 높아 게임이나 흥분되는 놀이에만 재미를 느끼는 아이가 아니어야 한다는 이야기이다.

첫째, 재미를 위해선 학교와 부모가 함께 노력해야 한다. 아이들이 의미와 재미를 가질 다양한 프로젝트 및 활동을 시도하는 학교가 많다. 혁신 학교인 우리 학교도 그 중 하나인데 교과를 재구성하여 직접 삶에서 적용해볼 수 있는 프로젝트 수업을 많이 시도한다.

예를 들면 4학년 사회 '서울의 생활'에서 서울의 지리 및 사회문화, 역사를 배운다. 이를 위해 서울 중심지를 방문하는 수업을 하는데 보통 여러 여행업체에서 제공하는 프로그램을 선택해서 버스로 투어를 하며 둘러보는 경우가 많다. 아이들과 서울의 중심지에 대해 공부하고 직접 확인하고 오는 것이다. 하지만 우리는 서울의 중심지에 대해 공부한 후 각자 가고 싶은 곳을 희망하여 적어낸다. 적어낸 종이로 너무 소수인 것을 제외하고 대략적인 권역을 정한 후 희망자 네다섯 명끼리 팀을 만든다. 팀이 만들어지면 팀끼리 서울 지도를 보고 하루 5시간 체험학습 동선을 짜야 한다. 지도를 볼 줄도 모르고 생전 여행 계획을 짜보지 않은 아이들은 선생님들의 대략적인 안내와 유의미한 장소에 대한 소개를 듣고 네이버 지도를 치열하게 보며 동선을 짜고 식당을 정한다. 긴긴 시간 네이버 지도를 보고 논쟁하고 의견을 물으며 아이들은 합리적인 체험활동 경로를 만들어 내야 한다. 이 수업을 할 때 많은 아이들은 시키지 않아도 쉬는 시간에 컴퓨터실에서 지도를 보며 시간을 보낸다. 가지고 올 돈도 각자 정하고 식당도 가보고 싶은 곳도 자신들이 직접 정해야 하니 그 몰입도는 엄청나다. 서울시 중구 지도를 보고 또 보고 길찾기를 하고 또 하며 공간에 대한 이미지를 자연스럽게 형성해 나간다. 물론 100%의 아이들이 그런 반응은 보이는 것은 아니다. 어떻게 해야 할지 모르거나 관심 없는 듯 친구들 하는 대로 보고 있는 아이들도 제법 있다. 하지만 그 과정을 함께한 후 몇몇 친구들과 서울 시내를 돌아보고 온 아이들의 체험학습 만족도는 거의 100%

단연코 최상이다.

이런 방식의 문제 해결 수업이나 아이 발달에 잘 맞게 구안한 문예체 수업 등은 놀이와 공부의 경계를 모호하게 할 뿐 아니라 소위 미래 사회가 요구하는 의사소통 능력, 문제해결 능력, 창의성 등을 기르는 데도 큰 도움이 된다.

둘째로 아이들이 스스로 건강하게 놀 수 있도록 하려면 아이들에게 절대적으로 놀 시간을 많이 허락해야 한다. 여기서 놀 시간이라는 것은 텔레비전을 보거나 게임을 하는 시간은 포함하지 않는다. 너무 자극적이거나 중독으로 이끌 수 있는 놀잇감은 공부와 놀이를 모호하게 하는 게 아니라 오히려 인내하여 배워야 하는 공부할 힘을 잃게 할 수 있기 때문이다.

요즈음은 많은 부모님들이 아이들끼리 놀 때 문제가 생기는 것을 피하고 공부할 시간을 확보하기 위해 부모님이 직접 체험장소를 데리고 다니거나 학원에 보낸다. 생각해보면 우리 어릴 때 부모님께서 우리의 일거수일투족을 확인하며 하루 일정을 체크하신 분이 많았는가? 해지기 전에만 들어오라 하고 아이들끼리 싸우는 일도 크게 관여하지 않으셨다. 그 과정에서 아픔과 상처가 있기도 했고 우리 세대가 가진 문제도 많이 있긴 하지만 나름 충분한 놀이 시간을 통해 인생의 지혜를 배워 나갔다. 아이들은 지지고 볶고 어이없이 싸우는 것을 견뎌 내야 크면서 그런 상황을 줄이고 유연하게 대처할 수 있다. 우리 아이가 친구를 잘 때려서, 우리 아이가 친구랑 노는 걸 힘들어해서 자꾸 어른이 정형화된 안전한 곳에서만 아이를 있게 한다면 성장할 기회를 놓치게 된다. 아이들은 심심하면 놀이 안에서 자꾸 새로운 시도를 해보려

하고 그건 놀이이기 때문에 실패를 두려워하지 않는다. 그걸 믿고 안전한 곳에서 마음껏 놀 수 있는 시간을 주어야 한다.

또한 아이들이 놀이를 통해 주도적으로 겪은 다양한 경험은 책 속의 메시지가 살아 숨쉬고 자신의 소견이 자라게 한다. 이 과정은 하루아침에 되는 것도 아니고 눈에 그리 잘 보이지도 않아 어설픈 아이의 놀이를 보고 그 큰 일이 이루어짐을 믿기 쉽지 않다. 하지만 어릴 적 그렇게 문제를 많이 일으키고 하고 싶은 짓 다 해 본 아이들이 커서 의젓해지고 나름 자기 분야에서 잘 된 경우를 목격하는 것은 결코 어려운 일이 아니다. 각 분야에서 수많은 성공사례를 가진 이들의 어린 시절 이야기를 들어보라. 부모님이 하라는 대로만 하고 모범생으로 자란 사람들이 그렇게 되는 것이 아님은 당장 인터넷 검색만으로도 수많은 사례를 찾을 수 있다.

요즘에 도시에서 아이들끼리 내버려두는 시간을 많이 주는 것은 결코 쉬운 일은 아니다. 우선 맞벌이가 많고, 위험 요소도 많고, 아이들끼리 옳지 않은 선택을 하는 경우도 많기 때문에 믿을만한 어른이 필요하기도 하다. 나 또한 큰 아이가 어느 정도 자라 위와 같은 생각을 하기 시작하면서도 힘들어서 방방장, 극장, 각종 어린이 까페 같은 곳에 넣어 놀게 하는 일이 부지기수니 말이다.

도시에서 아이들이 논다고 하면 게임을 하거나 방방장, 놀이동산 같은 곳을 데려가 줘야 한다고 생각한다. 여러 이유가 있겠지만 굳이 돈을 들일 수밖에 없는 이유는 아이들 스스로 건강한 여가 시간을 보낼 것이라는 믿음이 없기 때문이다. 많은 아이들이 자기들끼리 의견을 조율해서 많이 놀아보지 않았기에 갈등에 취약하다. 또한 아이들끼리 내버려두면 게임을 하거나 야한 동영상을 보거나 친구를 괴롭히거나 못된 짓을 하고 다닐 가능성도 없지 않다. 이미 그런 놀이문화에 젖어 있는 아이들도 있기 때문이다. 무엇보다 심심할 틈이 있도록 내버려두지 않아서 아이들도 무엇을 하고 놀아야 할지 모르고 어른의 돈을 기다린다.

아이들이 사춘기가 되어서도 어른이 바라는 대로 유익하게 놀며 의미 있게 즐기기 위해서는 우리가 아이들에게 지루한 시간을 많이 견디게 해주어야 한다. 서로 함께 해 나가는 사랑의 공동체를 만들어 자기들끼리 이런 저런 시도를 할 수 있게 지켜봐주는 시간을 허락해야 우리의 아이들이 건강하게 자랄 수 있다.

아이들은 있는 그대로도 충분하다

부정적인 뿌리들을 모조리 잘라버리는 것은,
그 뿌리로부터 비롯될 수 있는 긍정적인 요소들을 질식시켜,
한참 자란 그 식물의 줄기를 없애버리는 것을 의미한다.
우리는 자신이 처한 곤경에 당혹감을 느낄 것이 아니라 그 곤경으로부터
아름다운 무엇인가를 일구지 못하는 사실에 당혹해야 한다.

• 알렝드보통, 철학의 위안 •

동네 아이들을 부르고 함께 책을 읽고 치열하게 고민하는 과정은 나를 교사로서 어미로서 참 많이도 성장시켰다. 물론 지금도 부족한 것 투성이지만 분명한 건 난 이제 예전처럼 불안과 걱정에 휩싸여 있지 않다. 수많은 시간을 함께 하고 실패하면서 인내하고 성장하며 보이지 않는 것을 바라고 희망할 수 있는 믿음이 생겼기 때문이다.

천천히 가며 힘들여 공들인 과정이 바로 시험 점수로 결과가 나타나진 않았지만 건강하게 성장하도록 많은 도움을 주었다. 우리 아들은

책아놀자

시각 자극에 잘 빠지는 기질의 아이이다. 그런데 중학생이 다 되도록 핸드폰, 텔레비전, 유튜브를 많이 이용하지 못해도 크게 불만 없이 친구들과 노는 즐거움을 더 크게 느낀다. 바이엘밖에 안 배운 6학년 아이가 주어진 여가 시간에 피아노로 영화음악 연주에 시간을 보내고 때로 책 만들기에 시간을 보내기도 한다. 중학 입학을 앞두고 내 마음이 조금 초조해져 새로운 문제집을 들이대도 우리 아들은 "엄마가 마음이 급해졌구나?"라고 응수하며 성실히 해내려 애쓴다. 늘 예민하고 까칠했던 아이가 무던해진 듯하고, 함께 하는 문화생활과 체력활동 등에 툴툴대면서도 즐겨 나간다. 별로 좋아하지 않았던 독서대회인데 어느 날 중학생이 되면 또 나가고 싶다고 말하기도 한다. 3살 터울 동생과 기질적 차이가 큰 데도 크게 싸우지 않고 귀여워하며 엄마 아빠가 사랑스럽고 자랑스럽다고 매일 말해주는 아들이다.

둘째 아이는 여자 아이인데다가 배움에 대한 기쁨이 크고 기질적으로 단체생활에 적응을 잘 하는 아이다. 그러기에 작은 아이는 욕심 부리지 않고 지켜봐주는 데 주안점을 두어 길렀다. 책을 많이 읽어주지 못했는데도 늘 다양한 책을 가까이 한다. 최근 시작한 작은 아이 책모임은 활력과 에너지 그 자체다. 여학생들의 책모임은 남학생들과는 색깔이 많이 달랐다. 지적 호기심이 왕성한 이 여섯 숙녀들이 책과 어떤 소통을 보여줄지 궁금하고 기대가 된다. 얼마 전에는 6명 전원이 서울대에서 열린 독서토론대회에 나갔는데 모두가 너무 즐거워하는 모습을 보고 참 뿌듯했었다.

결국 내가 해야 하는 것은 아이를 원하는 대로 만드는 것이 아니라 있는 그대로의 아이를 바라보고 그 자체를 아름답게 만들어 주는 일이었다. 그렇게 공들여 내가 원하는 방향으로 만들려고 하는 큰 아이는 결국 자신의 색깔대로 자라나야 온전해지므로 내 욕심을 내려놓으니 온전해져갔고, 작은 아이는 자기의 일을 스스로 알아서 해나가는 모습을 보여주기에 나는 더욱 겸손해졌다.

다시 한 발 돌아 생각해보니 하나님은 정말 공평하다. 내가 원했던 방향은 나의 욕심이고 또한 그것은 하나의 작은 능력에 불과했다. 큰 안목에서 보면 어떤 아이도 훌륭하지 않은 아이가 없고, 어떤 아이도 부족하지 않은 아이가 없다. 그 사실을 진심으로 믿게 될 때 아이와 진정으로 소통할 수 있고, 아이의 성장에 가정이 갖는 영향력을 크게 만들 수 있다.

성장의 과정에서 반복과 실패는 필연적인 요소이다. 실패를 두려워할 필요도 없고 반복을 지겨워 할 이유도 없다. 내 아이의 자람의 과정에서, 그리고 학교의 사랑스런 우리 아이들과의 지난한 시간들 속에서 나는 이미 온몸으로 체득했기에 이제는 확신을 가지고 말할 수 있다. 그 어느 것도 두려워하지 말라고, 우선 아이를 믿으라고, 그리고 그 과정에 '책'이 중요한 매개체가 될 수 있다고!

독서토론교육,
자연스러운 대화로 시작하라

책 읽는 부모는 독서왕 옆집 아이에 자극받았다는 이유로
아이에게 책을 읽히지는 않는다. 남들이 다 중요하다고 해서
읽히는 것도 아니다. 그저 묵묵히 할 뿐이다. 아이에게 밥을 주어야 하는지
말아야 하는지 고민하지 않고 당연히 주는 것처럼 '당연히' 한다.
삶으로 보이고 행동으로 함께 한다.

• 오현선, 우리 아이 진짜 독서 •

몇 해 전부터 '질문이 있는 교실', '하브루타 교육'이란 말이 유행처럼 번졌다. 이를 구체적으로 배워 다양한 시도를 해 보는 움직임도 이미 많아졌다.

그런데 사실 우리나라 현실에서 아이들이 자유롭게 질문하고 토론하는 것이 단기간에 이루어지기 쉽지 않다. 우선 어른들이 익숙하지 않기 때문이다. 책을 읽고 이야기는 나누는 것. 이것은 전문가의 영역이 아니라 교양 있는 시민이라면 누구나 꾸준히 해 나가야 하는 것이

다. 우리 사회에 '소통'이 주요 화두가 되고, 교육계에 '질문'과 '토론'이 중시되는 것은 그만큼 그것이 안 되기 때문이다. 우리는 역사적, 사회적으로 많은 어른들이 질문과 토론 활동이 몸에 배지 않았다. 무엇보다 예의범절을 중요시 여기는 문화에서는 자신과 다른 의견을 제시하는 그 자체를 '도전'으로 인식하기도 한다. 그래서 아이들에게 어떻게 토론 문화를 스며들게 해야 할지 모르고 다소 이율배반적으로 행동하기도 한다. 자신은 아이들에게 질문과 토론을 허락하지 않으면서 자신이 몸담은 회사나 아이가 다니는 기관에서는 의견을 적극적으로 수용하기를 바라는 태도를 보이는 모습 등이 이에 해당한다.

질문과 토론이 잘 이루어지기 위해서는 우선 구성원들끼리 서로 믿어야 하고, 상대의 의견을 존중해야 한다. 그러려면 '권위'가 갖는 의미를 생각해야 한다. 나이가 많은 자, 지위가 높은 자, 지식이 많은 자가 자꾸 그 자체를 내세워 권위를 가지려 한다면 편안하게 토론하기 어렵다. 어차피 권위자가 결정할 것이라 생각하면 질문과 토론이 재미있을 리 만무하다. 진정한 권위는 오히려 권위자가 가진 것을 내려놓을 때 발휘된다. 권위자가 한 구성원으로서 겸손한 마음을 가질 때 진짜 강해질 수 있다는 말이다. 진심으로 듣고 선한 방향이 제시되었을 때 그대로 실천하려는 마음을 구성원들은 알고, 그 권위를 인정한다.

서로 편안하게 토론을 실천해보고 가장 좋은 곳은 가정이다. 부모, 자녀, 형제 간에는 이미 신뢰관계가 구축되어 있고, 거리낌 없이 질문하기 좋다. 그리고 수시로 여유롭게 시도하여 익숙해지기도 좋은 곳도 가정이다.

'유대인의 하브루타 경제교육'을 보면 전 세계의 부를 거머쥔 유대인들 비밀은 하브루타 교육에 있다고 보고, 실제 가정에서 자신의 자녀들과 하브루타식 경제교육을 실천한 이야기를 담고 있다. 하브루타 경제교육에서는 어린 시절부터 끊임없는 대화와 경험으로 돈에 대한 인식을 확실히 해두는 일, 큰 틀에서 바라보고 서로 베푸는 일에 대한 중요성을 강조하고 있다. 결국 독서, 토론, 질문 등을 통해 내가 잘 살기 위해서는 우리가 잘 살아야 한다는 원리를 깨쳐나가는 것이 하브루타 경제교육의 중요한 지점이다.

사실 유치원, 초등학생이 배우는 내용은 대부분 부모님이 가르칠 수 있다. 유치원, 초등학교, 어쩌면 중학교를 다니는 아이까지도 학교에 더하여 가정에서 교사의 역할을 수행하여 함께 가르치는 분들도 물론 있다. 그런데 주변을 둘러보면 의외로 주부조차도 직접 가르치는 분들이 많지는 않다. 심지어 많은 교사들도 입소문난 교육기관을 찾지 자신이 가르치려고 하지 않는다. '부모가 가르치면 아이와 관계가 망가진다', '너무 바쁘다' 등의 이유가 일반적이다.

우리네 삶이 바쁘고 삶의 여유가 없는 건 분명하지만 거기에 더하여 돈으로 해결해야 제대로 할 수 있다고 믿기 때문이라는 생각도 든다. 돈을 들여 소위 '전문가'들에게 아이들을 수많은 시간 맡겨 놓고 집에서는 우아하게 달래고 편하게 놀게 해주며 힘든 학원을 계속 보내기 위해 위로한다. 하지만 전문화되고 자격증을 남발하는 우리 사회에서 많은 교사들이 아이라는 고귀한 존재를 총체적으로 이해하기보다 당장 눈앞의 지식만을 가르치려는 경향이 있다.

'전문가'는 어떤 분야에 상당한 지식과 경험을 가진 사람을 말한다. '교육 전문가'는 내 앞에 다가온 어떤 아이들도 그 지식과 경험으로 배움을 가져갈 수 있게 도와주는 사람을 말한다. 그런데 문제는 그 '배움'이라는 데 있다. 배움은 눈에 보이는 것 뿐 아니라 눈에 보이지 않는 수많은 것들을 포함하고 있다. 그렇기에 눈에 보이는 성과가 나타나는 시기도 사람마다 다를 수밖에 없다. 아이마다 '때'가 다 다른 법인데 획일적으로 같은 시기 같은 성과를 내도록 하는 사람을 교육전문가라고 지칭하는 것이 맞는가? 난 '스카이캐슬'의 '박주영'처럼 시험 성적이나 합격을 100% 보장하는 사람, 성적을 올려주는 강사를 교육전문가라 지칭하는 것에 동의할 수 없다. 이는 입시제도가 만들어 낸 왜곡된 전문가이다.

인간의 생애를 긴 안목으로 보고 기다려주어야만 제대로 성장할 수 있다는 것을 아는 사람은 아이를 만날 때 총체적으로 보게 된다. 아이의 심리 상태, 주변 환경, 흥미, 성격 등 그 아이만이 가진 아름다운 것들을 살핀다. 그래서 그 아이의 속도에 맞게 배움의 즐거움과 경이로움을 함께 느끼며 평생 배우고 성장하며 살아갈 수 있는 힘을 공유해야 한다. 다양한 아이들이 존재하지만 그 안에서 서로 겪어 나가며 한 아이도 버리지 않으려는 공동체 교육을 실현하는 교육환경이라야 아이들은 길게 제대로 배울 수 있다. 진정한 교육 전문가는 그런 성장을 도울 수 있는 사람이지 6개월 안에 우리 아이 수학성적을 올려주는 사람이 아니란 말이다.

그런 측면에서 아이의 일생을 함께 해야 하는 가정에서 공동체 교육을 하는 것은 아이의 성장을 돕는 데 매우 큰 영향을 미친다. 부모가 내 아이의 전문가 및 멘토가 될 때 아이는 진실하게 성장한다. 이 말을 집에서 모든 엄마가 아이를 붙들고 국어, 수학, 사회, 영어, 과학을 꼼꼼하게 가르치라고 이해하면 안된다. 내 아이의 모든 면을 가장 정확히 보고 대화하기에 좋은 사람은 부모이기에, 아이에게 알맞은 교육 전문가 중 하나에 분명 부모가 포함된다는 이야기이다. 그런 부모님이 아이와 진심으로 대화할 수 있는 통로를 열어 두는 것은 아이 성장에 그 어떤 학원보다 큰 영향을 미칠 수 있다. 이는 한 인간으로서 아이와 함께 인생길을 평화롭게 걸어가는 데도 큰 도움을 줄 수 있다.

물론 내가 제시한 방법은 입시에 도움이 될 수도 있고, 아닐 수도 있다. 가정에서 꾸준히 독서와 토론이 흘러넘친다면 당연히 사고력이 향상되고 입시에 도움이 되기도 하겠지만 입시를 위해 독서를 하는 것은 바람직하지 않다. 내가 서른에 책을 읽기 시작하고 삶의 시야가 바뀌었듯 내 아이도 언젠가 뜻을 정해 무언가 해나가려 한다면 10년 동안 읽고 토론한 내용이 바탕이 되어 분명 어느 분야에서든지 건강하고 선하게 자기 몫을 해나가리라 굳게 믿는다.

가정에서 공동체 교육을 하기에 앞서 우선 초등시절 이전부터 가정의 공동체 구성원으로서 몸을 움직여 건강한 마음을 자라게 하는 것이 중요하다. 집안일에 동참하고 끊임없이 필요와 재미에 의해 몸을 많이 사용하여 건강한 정신과 마음을 지니는 데 힘을 기울여야 한다. 김현수의 '요즘 아이들 마음고생의 비밀'에 보면 갈수록 아이들이 팔다리를 사용할 일이 없어 몸을 움직이지 않고, 보여주는 몸에만 집착한다고 말한다. 요즘 아이들은 몸을 상품화할 것인가? 아니면 육체노동이 아닌 학습노동에 적합한 몸이 되게 할 것인가? 하는 고민을 한다는 것이다. 이와 같이 몸을 움직이지 않는 현상이 미치는 영향은 생각보다 크다. 몸의 주인인 사람이 자신의 몸을 끊임없이 움직여본 경험이 점점 줄어든다면 이는 사고에도 큰 영향을 미치게 될 것이기 때문이다. 가장 문제인 것이 해보지 않고 아는 것처럼 인식하게 되고, 진실이 아닌 것을 진실처럼 믿게 되는 일이 생긴다는 것이다. 우리가 어떤 개념을 생생하게 이해하기 위해서는 수많은 경험과 감각이 동반되어야 하고, 견디고 탐구해 나가야 그 진정한 가치를 깨닫는 경우도 많다.

예를 들어 '성실'이란 추상적인 개념을 이해한다고 생각해 보자. 성실을 강조한 수많은 책을 보고, 수많은 설명과 영상으로 익힌 아이도 분명 이해는 할 것이다. 하지만 수도 없이 숙제를 안 해서 혼나보거나 견디어서 숙제를 매일 해낸 아이, 열심히 연습해 줄넘기 급수를 올려본 아이들이 이해하는 성실은 큰 차이가 있다. 그들은 성실하기 위해서 정직해야 하고 많이 참아야 하고, 넓게 사랑하는 일에 더 큰 힘을 발휘한다는 사실을 이해한다. 하지만 몸을 움직여 꾸준히 무언가 해본 경험이 적다면 개념 자체는 쉬운 듯 말하지만 절절하고 입체적인 이해를 하지 못하고 쉽다고 믿을 수 있다는 것이다. 특히 몸을 움직여 세상의 이치를 이해하는 초등시절에 머리로만 공부한 아이들은 예민해지고 무기력해지기 쉽다.

나는 서로 성장하며 소통하기 가장 좋은 방법 중 하나가 공동체 독서라고 생각한다. 이 독서는 신앙을 가진 가정에서 매주 말씀과 삶을 나누는 가정 예배의 형식이 되어도 좋다. 그렇지 않다면 가족이 함께 지정 도서를 읽고 이야기를 나누는 방식이 될 수도 있다. 아니면 자녀 또래의 친구가 모여 함께 하는 책모임의 형식이 될 수도 있다.

결과물이 쌓이지 않아도 되고 많이 읽히지 않아도 된다. 이 독서의 방점은 양에 있는 것이 아니라 그 글을 얼마나 살아 숨쉬는 것으로 만들어 소통에 영향을 미치느냐에 있어야 한다. 자연스럽게 많은 대화와 소통을 하며 성장을 함께 격려하고 돕는 데 직접적인 영향을 미칠 수 있는 집단에 가정을 포함하면 되는 것이다. 또한 초등 단계에 맞게 몸이 움직임과 경험을 동반하여 소통할 때 그 효과와 이해가 배가된다는 것을 알고 함께 해야 함을 잊지 말아야 한다.

독서토론교육은
책으로 노는 시간일 뿐이다

책읽는 부모라는 말은 책을 들고 있는 부모,
읽기만 하는 부모를 뜻하는 것만은 아니다. 책읽기를 통해 날마다
삶은 변화시키며 행복을 만들 줄 아는 사람, 더 나아가 타인에게까지
선한 영향력을 끼치며 날마다 성장하는 사람을 뜻한다.
책과 삶이 따로 노는 것이 아니라 책으로 삶을 만들어 가는 사람은 말한다.
이렇게 부모가 책읽기를 삶 속으로 가져왔을 때에 아이들은 비로소
책읽기의 위대함을 깨닫게 된다.

· 오현선, 우리 아이 진짜 독서 ·

나는 적어도 초등에서만큼은 가정에서 자녀, 친구들과 천천히 함께 책을 읽어나가기를 권한다. 독서논술학원을 보내지 말라는 이야기가 아니다. 독서교육 관련 책을 통해 정말 훌륭한 독서지도사 선생님들을 많이 알고 있다. 나도 그런 분들께 아이를 맡겼으면 하는 생각을 하기도 한다. 하지만 보편적으로 독서논술학원은 비용을 지불하고 학생의 말하기, 듣기, 읽기, 쓰기 능력 등을 신장시켜 주는 데 목적이 있다. 문제는 독서논술 실력은 수학과 달리 가시적인 효과가 금방 나타나는 성

책아놀자

질의 학문이 아니라는 데 있다. 언어 능력은 공부의 8할, 아니 9할이라고 해도 과언이 아닐 정도로 너무 중요하다. 그런데 무리하게 시작하여 쓰기와 담쌓거나 책만 봐도 토가 나오는 아이로 만들어 버리면 되돌리기가 더욱 힘들어진다.

쓰기는 결국 읽기가 충분히 쌓이고, 그와 함께 다양한 경험 및 많은 생각이 기반되어야 이루어질 수 있다. 여러 가지 글쓰기 기법은 내용이 담보되어야 빛을 발할 수 있는 것이다. 앞서 말했듯이 내용이 담보된다는 것은 자신의 주견 및 진실한 지식이 쌓여 있다는 이야기다. 단적으로 초등학생에게 어른 기준의 내용이 담보되는 것은 거의 불가능한 일이다. 주견을 갖고, 진실한 지식을 몸으로 겪고, 막 쌓아가기 시작하는 초입에 있는 아이들이기 때문이다. 그들은 충분히 읽고, 읽은 내용을 겪으며 이해하고, 형식에 매이지 않고 느낀 대로 솔직하게 적으며 배워나간다. 다양한 지식에 대한 호기심과 경이로움, 긍정적 인식을 갖게 하는 데 주안점이 있음을 놓치면 안 된다. 글을 통해 어린 영혼의 진실함, 순수함과 아름다움을 나눌 수 있는 자유로움이 필요한 시기이다.

그렇다면 사실 초등학생이 독서논술을 배우는데 가시적인 효과를 낼 만한 무엇이 별로 없다. 어떤 날은 그림책 한 권 읽고 책과 관련하여 선생님이랑 수다 떨며 노는 것이 초등학생이 해야 할 일이다. 하지만 현실적으로 책 읽고 수다 떨고 놀다 오는 데 매달 10만원 이상의 돈을 쓴다는 데 불편함을 느낄 부모님들도 꽤 있을 것이다. 결국 가시적인 효과를 위해서 독서논술학원은 끊임없이 교재의 문제를 풀도록 해야 하고, 이해하기도 어려운 책들을 읽히는 포장을 해야 한다.

실제 많은 사설독서단체가 보내는 권장도서목록은 실제 그 학년 아이들이 읽기에 어려운 책들이 대부분이다. 많은 부모들에게 마치 그 학년에는 그런 책을 읽어야 한다는 불안감을 조장하여 읽히려는 경향도 있다.

또한 책은 개인의 성향에 따라서도 영향을 받는다. 모이는 아이들의 관심사, 현재 놀이문화, 성별, 독서력에 따라 세심하게 융통성을 발휘할 수 있는 사람이라야 제대로 가르칠 수 있다.

최근에는 이에 대한 인식이 많이 개선되어 좋은 독서지도사와 팀을 꾸려 비교적 온전하게 잘 운영되는 독서논술팀들도 많긴 하다. 그런데 잘 생각해보면 아이들과 이야기거리가 제일 넘치는 사람은 늘 곁에서 그 아이들의 모든 일상을 지켜보는 주변 어른일 것이다. 이런 이유로 적어도 초등에서는 가정독서모임이 가장 정확한 방법이라고 생각한다. 물론 평생 책을 가까이해본 적 없는 어른이 아이들을 모아다 책을 읽히라고 하면 감당할 수 없는 부담이 밀려올 거라는 점은 부인하지 않겠다. 하지만 난 그런 분일수록 일주일에 두 시간의 시간만 낼 수 있다면 이 경험이 귀할 것이라고 생각한다. 처음에는 있는 자료로 그대로 해보아도 좋다. 돌아가면서 한 달에 한 번도 좋다. 경험이 쌓이면 다시 새로운 방향이 보인다. 반복과 실패를 통해 함께 배우고 성장하는 데는 이런 좋은 기회가 없다. 무엇보다 그 과정에서 내 자신이 책을 사랑하게 된다면 삶을 살아가는 데 힘을 얻을 수 있는 큰 보물까지 함께 얻으니 이야말로 마당 쓸고 돈 줍는 격 아닌가?

분명히 말하지만 아이들을 함께 모아 놀게 해주는 시간이고 그 중 한 시간은 책으로 논다고 생각하고 시작해야 한다. 그 이유는 앞에서 충분히 설명했을 것이다. 책을 통해 머리와 마음으로 어렴풋이 깨달았으면 수많은 놀이와 경험으로 그 사실을 이해하고 깨달아나가야 하는 것이 초등생들의 공부 방식이어야 한다는 것이다.

아이들을 모을 때부터 책을 많이 읽힐 각오를 다지거나 큰 일을 한다고 결심을 하면 오래 가기 힘들다. 느리게 가고 잘 안 되더라도 놓지 말고 꾸준히 자녀와 친구들 몇몇이 모여 가정독서 모임을 열기를 추천한다. 무조건 길게 가는 모임을 만든다고 생각하면 당연히 읽는 책은 많아지고, 이해도 깊어지게 될 것이다.

두려움을 극복해야

　중학생이 된 작년 졸업생들이 찾아와 이야기하는 자유학기제는 시큰둥하기만 하다. 그들과 부모님에게는 시험이 없고 시간적 여유가 있어 좀 놀 수 있다거나, 부족한 공부를 보충할 수 있는 시간이라는 것 외에는 별다른 의미가 없어 보인다. 격동의 시기에 어찌할 수 없는 중학생이 하는 말임을 감안해도 '꿈과 끼를 발굴하고 다양한 체험활동을 할 수 있는 교육과정'이라는 원래 취지와는 좀 거리가 있어 보였다.

　'열네살의 인턴십'은 중학생 필독서로 프랑스의 자유학기제에서 인턴십 과정을 통해 꿈을 찾는 루이 이야기이다. 14살 루이가 미용실에서 인턴십 과정을 경험하며 본격적으로 미용기술을 배우고 싶어하는데, 자수성가한 외과 의사인 아버지가 강력한 반대를 하는 장면은 우리 문화에서 너무도 익숙하다. '프랑스'하면 사회적 합의, 똘레랑스, 선입견 없는 나라라는 생각이었는데 이 소설을 읽으며 사람 사는 곳은 크게 다르지 않다는 생각도 들었다. 하긴 내 아이가 14살에 학업을 그만두고 미용일을 배우겠다고 한다면 나도 퍽이나 고민이 될 것 같다. 이 글의 상황에서 미용일을 한다는 것보다 더 두려운 것은 함께 일하는 사람들 대부분이 절망과 상처, 아픔에서 헤어나지 못하고 있다는 사실이다. 결국 루이의 가족들과 교장 선생님은 그 모든 두려움을 이겨내고 루이의 선택을 받아들이기에 이르고, 마침내 루이는 프랑스 전국에 450개 체인점의 사장이 된다. 그 뿐 아니라 인턴시절 함께 했던 피피, 갸랑스, 클라라, 마이테 원장에게도 꿈과 희망을 주는 존재가 된다.

옮긴이는 생계를 위한 임시방편이 아니라 진정 하고 싶어 하는 일을 주변 사람들의 지지 속에서 한 일이었기에 루이의 성공이 당연하다고 말했다. 하지만 사실 하고 싶은 일을 가족의 지지 속에서 하면 성공할 수밖에 없다고 말하기 쉬운 사회구조는 아니라는 생각도 든다. 자신이 즐거워하는 일을 편안하게 하며 먹고 살 수 있다는 믿음을 갖기 어려운 이유가 너무나 많다. 그럼에도 불구하고 우리가 그 두려움을 이겨내야 하는 건 틀림없다. 자유학기제가 아이 학습에 오히려 방해가 되지 않을까 하는 두려움, 우리 아이가 원하는 것이 별 볼일 없을 거라는 두려움, 아이가 잘 해내지 못할 거라는 두려움, 내 자신이 원하는 것은 돈이 되지 않을 거라는 두려움을 떨쳐내고 깊은 내면에 있는 목소리와 마주해야 한다. 그런 이들이 늘어날 때 두려움 뒤에 가려진 아름다운 각 사람의 실체를 확인할 수 있고, 좀 더 살기 좋은 사회가 될 것이다.

우리의 자유학기제에도 인턴십을 체험할 수 있는 사회적 시스템이 갖추어졌으면 좋겠다. 그리고 열린 마음으로 아이 내면의 그림을 보고 진로를 이끌어주는 이들이 많아지기를 기대해본다. 시작은 우선 내 자신이 되어야 할 것이다.

- 『열네살의 인턴십』 마리 오드 뮈라이유, 바람의 아이들, 2007

괴로운 축복 난독증

자신이나 자녀가 난독증이라는 진단을 받고 염려하지 않을 사람은 없을 것이다. 살아가면서 불편하고 힘들어질 것이 너무도 자명하며, 무엇보다 타인들에게 받을 특별한 대우는 더욱 힘겨울 것이다. 그런 자녀 문제로 고민하는 사람들은 그런 일을 겪지 않은 사람들이 악의 없이 안타까워해주는 것조차 상처가 되기도 한다.

하지만 이것이 안타까워할 일이 아니라는 근거를 내놓은 책을 만났다. 뇌과학적, 통계적으로 난독증이 가진 강점에 주목하여 그들의 특징을 설명해 놓은 것이다. 난독증인 사람들은 공통적으로 MIND 강점을 가지고 있고, 이로 인해 특정 직업군에 많이 분포하며 그곳에서 우수한 기량을 보인다는 분석 결과를 안내한다. M은 세부사항이나 2차원적 특징보다는 연속적이고 서로 관련된 일련의 3차원 이미지를 창조함으로써 공간의 특성에 대해 생각할 수 있는 능력이고, I는 통찰력이나 다양한 정보들 간에 중요한 연관관계를 찾는 능력이다. N은 사건, 경험에 대한 삽화적 기억이 매우 뛰어나 서사적 표현과 창의성을 나타내고, D는 실제 세계에서 패턴을 읽어내는 능력으로 미래의 사건을 예측하거나 새로운 발명 또는 행동의 결과를 미리 볼 수 있는 능력이라고 한다.

요즘 아이들을 데리고 유명한 어린이책 작가와의 만남에 잘 다닌다. 그들이 아이들에게 자신의 어린 시절 이야기를 하는데 모범적이고 칭찬을 많이 받았다는 사람은 없었다. 장난꾸러기, 왕따, 부진아……
일부러 희망을 주려는 레퍼토리인가도 생각해 보았는데 실제 그들의
책과 이야기를 들어 보면 거짓말인 것 같지 않다. 그들은 위에서 말한
I나 N 분야 지능이 뛰어나다. 절차나 규칙을 따르는 부분의 뇌는 좀 더
디게 발전했을 수도 있을 것이다. 나이가 들수록 신은 공평하다는 생
각이 든다.

　난독증인 사람이 학창시절에 갖는 어려움은 크게 느껴질 것이다.
관계형성에도 어려움이 생길 것이며 자존감에도 상처를 입을 것이다.
특히 읽고 쓰는 일이 일찍 많이 이루어지며, 소수자에 대한 배려가 적
은 편인 우리 나라에서는 더하다. 하지만 조금만 더 큰 그림으로 생각
해보면 그리 염려할 일이 아닐 수 있다. 어쩌면 학창시절 겪는 어려움
과 고민이 더 크게 성장시킬 수 있다. 다만 염려 없이 믿음으로 자신을
지켜봐주는 이가 있어야 할 것 같기는 하다.

　"앞에 나열한 이름은 야구 역사상 가장 위대한 스타들이다. 하지만
이들이 삼진이 많은 역대 상위 100명에 든다는 것을 알면 매우 놀랄 것
이다!(중략) 홈런과 삼진과의 관계는 난독증의 강점과 약점 사이의 관
계와 많이 비슷해 보인다. 난독인의 뇌에서 홈런은 완벽한 읽기와 철
자가 아니라 이 책에서 소개할 고차원적 사고기술이다. 그리고 난독인
의 뇌는 홈런을 칠 수 있도록 만들어진 동시에 낱말을 해독하거나 철
자를 적을 때 삼진을 당할 위험성은 높게 만들어졌다. 약점은 단지 강
점의 뒷면일 따름이다. "

- 『난독증 심리학』 Brock L. Eide, Fernette F. Eide 지음, 시그마프레스, 2013.

7

따라 하기 쉬운
학년별 책모임 사례

책 선택, 어떻게 할까?

유치원이나 초등 1, 2학년은 책을 많이 읽게 하는 것보다 책을 읽어주고, 책과 관련한 놀이를 하거나 이야기를 들려주는 것이 좋다. 글을 읽는다기보다 글자를 읽는 단계이므로 글을 읽어가며 그림도 보고 내용에 대해 생각하기가 쉽지 않은 까닭이다. 주로 그림책을 읽어주거나 옛이야기를 들려주고 이야기를 나누는 것만으로 충분하다.

딸이 유치원 다닐 때 알음알음 친구 7명을 모았다. 부모님과 톡방을 만든 후 요일과 시간을 정했다. 책모임을 처음 시작할 때는 원하는 책을 가볍게 읽고 이야기 나누는 것이 좋다고 생각되어 김은하 선생님의 '처음 시작하는 독서동아리'에서 제시된 방법을 따라 진행했다.

매주 목요일 유치원에서 아이들 7명을 인솔해서 바로 옆 우리 교회 옥상으로 이동했다. 사전에 7명의 부모님이 돌아가며 간식을 넣기로 이야기가 되어 간식을 들고 소풍 가듯이 갔다.

어떤 모임을 할 때 간식은 생각보다 많은 효과를 발휘한다. 지금 공부를 하는 것이라는 진지한 생각을 없애주며 편안하게 이야기할 수 있는 분위기 형성이나 말문을 트는 데 적지 않은 역할을 한다. 게다가 기관에서 주어진 급식을 충분히 먹지 않아 오후에 금방 출출해지는 경우도 적지 않다. 선생님은 늘 권장하지만, 매번 다양하게 바뀌는 식단에 선뜻 마음을 내지 않아 맘에 들지 않는 반찬이면 입만 대는 시늉을 하기도 한다. 이래저래 오후 3시 경은 출출할 시간이 된다. 지금까지도 모든 책모임 협조사항에 돌아가며 간식이나 식사를 넣는 것은 꼭 부탁하고 실행한다. 나이를 불문하고 대부분 아이들이 집으로 들어오면서 오늘 간식 누구 차례며 뭘 먹냐고 확인하는 경우가 많다. 그만큼 먹는 기쁨이 크다.

유치원 아이들의 경우는 보조 선생님의 도움을 받았다. 간식과 책, 놀이 재료를 들고 아이들을 인솔해야 했기 때문에 함께 하는 분이 필요했다. 책모임의 첫 시간에는 모임 규칙, 모임 이름, 사회자, 기록자 역할을 정했다. 유치원 아이들은 자기들끼리 다수결로 '햇님반 친구들'이라는 이름을 정해주었고, 사회자, 기록자 순서도 정해 적어 놓았다. 글을 쓰기 어려워하는 나이이므로 기록자는 진행자가 하려 했으나 굳이 쓰고 싶어하는 친구가 있어 원하는 친구는 기록을 하도록 해주었다.

　모임이 시작되면 전시해 놓은 그림책 10권 중 맘에 드는 것을 골라 들고 편히 앉아 살펴보게 했다. 읽어도 괜찮고 그림만 봐도 괜찮다고 했다. 살피면서 친구들에게 이 책을 왜 함께 읽고 싶은지 생각해 보라고 했다. 20-30분 준비가 끝나고 나면 사회자가 "지금부터 '햇님반 친구들' 모임을 시작하겠습니다." 라고 말하며 모임을 시작한다. 사회자는 원하는 사람부터 한 명씩 책 소개를 하게 한다. 어린 아이들은 자신이 정한 순서대로 한 명씩 시킨다는 것에 자부심을 느꼈다. 하지만 사회자도 원하지 않는 아이가 있다면 기다려주어야 할 것이다. 아주 간단한 진행이지만 돌아가며 사회자를 하는 경험 자체도 소중하고, 모임에 주인의식을 갖게 한다. 아이들은 손꼽아 자신이 사회를 보거나 기록할 날을 손꼽아 기다렸다. 책 소개를 할 때에 책을 들고 제목과 책의 저자 이름을 말한 후 이 책을 고른 이유를 설명하게 했다.

　그렇게 해서 사회자 진행 아래 다수결로 뽑힌 책은 내가 읽어주고 질문지를 뽑아 돌아가며 이야기를 해본 후 2부 놀이 시간을 가졌다. 유치원이나 초등 저학년의 경우에는 질문지를 부담스러워하기도 하므로, 재미있었던 부분 정도만 나누어도 좋다.

　2부 순서가 되면 아이들과 연극놀이를 했다. 연극놀이는 김선의 '유아를 위한 연극놀이' 책을 참고하여 진행하였다. 하지만 이를 선뜻 추천하기 어려움은 연극놀이 진행 경험과 약간의 연극을 즐기는 마음, 연극놀이에 대한 나름의 공부가 필요한 까닭이다. 책으로 이야기를 나누는 시간은 인원수에 따라 차이가 있지만 6명 기준으로 책 읽는 시간 포함 1시간 정도가 될 것이다. 책읽기가 끝나고 동네 놀이터로 데리고 가서 실컷 2시간 넘게 놀게 해도 만족도는 마찬가지일 것이다. 가장 중요한 것은 책을 읽고 대화를 나눈 후 우리가 함께 놀이하는 경험을 동반하여 모임의 정체성을 정하는 일이다.

유치원생 여자 아이들 7명과 하는 수업은 즐거움 그 자체였다. 교회에서 유치부 교사이긴 하지만, 내가 집단으로 유치부를 가르칠 기회는 많지 않았는데 정말 이 아이들이야말로 보이지 않는 것을 보며 믿고, 생각지도 못한 것을 상상해내는 사랑스런 존재라는 생각이 들었다. 아이들은 우리가 만나는 날을 기다리고 기다렸다. 나중에 들은 이야기인데, 설레며 나가는 무리를 보고 책모임에 들어오고 싶어하는 친구들이 여럿 있었다고 했다. 결국 좀 민폐가 된 셈이긴 했지만, 아이들은 그 날만 기다리듯이 행복해했다.

3-4학년 책모임도 동일한 방식이다. 초등 2학년 정도부터는 책 제목 저자, 출판사를 소개하는 것을 시작으로 학습지를 읽으며 책 소개를 할 수 있다. 꾸준히 출판사나 저자에 관심을 갖다보면 나중에 아이들이 좋아하는 작가가 생기고, 그 작가의 성향에 관한 이야기를 듣는 고차원적인 발언도 기대할 수 있게 된다. 혹시 학습지 작성에 부담을 갖는 아이가 있으면 그 또한 편안히 해주어야 한다.

큰 아이 놀이터 친구에서부터 책모임이 시작되었고, 가을이 되어 큰 아이 학급 톡방에서 선착순 모집하여 7명의 남자 아이들이 구성되었다. 그때 여학생도 들어오길 바랬지만 벌써 3학년만 되도 남녀 구별을 하는 경우가 있어서 그런지 남학생만 줄줄이 답장이 와서 선착순으로 그렇게 모아졌다. 이 모임 방식은 진행자가 할 일이 많지 않다. 그 저 내가 전시할 책에 고심을 기울여야 할 뿐. 우선 만화책은 놓지 않았 다. 아이들에게 만화책을 무조건 읽지 말라고 하지는 않지만 적어도 수업 시간이나 책모임 활동 시에는 반드시 제외시키는 편이다. 만화 자체로서 작품성 있게 만들어진 것이라면 사실 같이 볼 수도 있다. 하 지만 만화라는 장르를 허락하는 순간 요즘 쏟아져 나오는 학습만화 등 을 같이 읽는 것이 불편했다. 아이에게 알리고 싶은 지식을 만화라는 형식으로 포장하여 책 자체의 순수성이나 작품성이 결여된 경우가 많 기 때문이다. 그리고 3-4학년부터는 본격적으로 글이 있는 책들을 보 기 시작해야 하는데 만화를 너무 많이 접하면 글 읽는 재미를 알아가 기 어렵다.

처음에는 그림책으로 시작하여 문학과 비문학을 적절히 혼합하여 전시했다. 아이들이 곤충에 관심이 많으면 곤충책을 풀어놓고, 아이들 이 자꾸 싸우면 친구 사이 갈등 문제를 다룬 책을 많이 놓았다. 게임을 너무 좋아하는 아이가 있으면 게임 관련 책을 놓았다. 책을 아이들 인 원수보다 4-5권 정도 더 가져가 놓고 지켜보면 아이들이 책을 고르는 성향을 살필 수 있다. 그리고 아이들의 읽는 속도도 알 수 있다. 그러 면서 아이를 위해 책을 고르는 안목이 자연스레 높아진다.

또한 작가와의 만남의 자리가 있으면 함께 데리고 가기 위해 한 작 가의 책을 여러 권 만나도록 하기도 했다. 도서관이나 학교에서 정해 왕, 강무홍, 이금이, 송언, 남동윤, 김해우 작가님을 만날 기회가 생겨 그 분들의 책들을 읽히고 참석하도록 독려하기도 했다. 작가를 만나지 는 못하지만 로알드 달의 책들을 몇 권 읽고 그 작가가 쓴 책의 특징을 이야기해 보는 시간을 갖기도 했다.

그런데 모임을 진행하다 보면 생기는 문제가 있긴 하다. 빨리 놀고 싶은 마음에 처음에는 친구들의 책 소개를 잘 듣고 정말 읽고 싶은 책을 골랐지만, 점점 글이 적은 책만 고르려는 것이다. 긴 책이 뽑히면 나누어서 몇 주간 들려주어야 하는 상황도 생긴다. 이를 보완하기 위해 뽑힌 책을 준비해오게 해서 함께 읽어나가는 방향으로 자연스레 넘어가야 했다.

또 하나는 아무래도 말을 잘 하고 주도성 있는 아이의 책이 잘 뽑히는 경향이 있다. 사실 초등학교 4학년 이상은 별로 신경 쓰지 않지만 그 아래 아이들은 자신이 추천한 책이 한 번도 뽑히지 않으면 상처를 받는다. 그래서 가끔 이벤트처럼 오늘은 3등 책을 읽어보겠다든지 한 번도 자신의 책을 읽어보지 않은 아이 것을 읽어보는 날이 필요하다.

이 모임이 시작되면 꼭 볼 수 있는 현상이 있다. '집에 내가 좋아하는 책이 있는데 그 책을 함께 꼭 보고 싶어요'이다. 어느 날은 내가 전시한 책을 가져가는 아이가 한두 명이고 모두 집에서 책을 가져올 때도 있다. 그럴 때면 만화책만 아니면 쿨하게 허락한다. 자신이 친구들과 같이 소통하고 싶은 책이 있다는데 얼마나 반가운 일인가. 이렇게 아이들은 책으로 노는 방법을 배워간다.

1) 읽고 싶은 책 선택하여 읽기

① 책 선정

1-2학년	3-4학년	5-6학년
주로 그림책	그림책부터 시작해서 비교적 글자가 적은 편인 저학년용 도서로 비중을 늘림. 아이들의 관심이나 읽기 수준을 보면서 책을 조정함. 한 번에 읽어주기 어려운 책이 뽑힌 경우 읽기 과제로 제시함.	그림책이나 짧은 동화책부터 시작해서 아이들 수준을 보아가며 알맞는 다양한 도서를 들이되 분량으로 인해 뽑힌 도서를 한 회에 읽어주기 어려울 것이므로 뽑힌 도서를 그 다음주까지 읽어오도록 함.

재미를 느낄 수 있는 문학 위주로 배치하고, 간간히 비문학을 섞는 방식으로 진행. 5-6학년의 경우 2-3개월 지나 모임에 재미가 붙었을 무렵 정치, 경제, 사회, 예술, 환경, 과학, 역사 등 다양한 비문학 도서를 안내함.

② 읽기 방식

1-2학년	3-4학년	5-6학년
• 그림만 봐도 되고 중간까지만 봐도 됨. 다만 친구들에게 이 책을 왜 함께 읽고 싶은지 설명해 내도록 유도함. '표지를 보니 재미있을 것 같아서'라고 말해도 무방함. • 책 소개 시 제목, 작가 이름과 이 책을 함께 읽고 싶은 이유를 말하게 함. 가급적 학습지 작성은 하지 않는 것이 좋음.	• 가급적 다 읽도록 권장하되 끝까지 읽지 못했어도 읽은 곳까지 책 소개 학습지를 작성하도록 함. • 책이 긴 경우 한 주간 읽기 과제를 제시해주고 그 다음 주에 그 책으로 관련 활동을 실시함. • 책의 종류에 따라 분량을 나누어 몇 주에 걸쳐 읽기 과제를 내거나 과제를 제시하지 않고 3-4개월 잡고 모일 때마다 같이 읽어나갈 수 있음.	• 함께 책을 선정한 후 그 다음주까지 읽어오도록 과제 제시 (그림책이나 한 번에 읽어줄 수 있는 양인 경우 읽어 주는 것도 좋음) • 책의 종류에 따라 분량을 나누어 몇 주에 걸쳐 읽기 과제를 내거나 과제를 제시하지 않고 3-4개월 잡고 모일 때마다 같이 읽어나갈 수 있음.

③ 읽은 후 활동

1~2학년	3~4학년	5~6학년
• 재미있는 장면 말하기 • 관련 그림 그리기, 만들기, 연극놀이 등 다양한 책놀이 • 이 시기에는 이야기식 독서토론이나 교차질의식 토론은 하지 않는 것이 좋음. 책을 읽어주거나 이야기를 들려주는 것이 좋음.	• 질문지 뽑아 대답하기(문학) • 관련 그림 그리기, 만들기 등 다양한 책놀이 • 이야기식 독서토론 • 마음이 통통(핵심 키워드 찾기) • 인상 깊은 장면 연극으로 표현하기 • 책 속 공감 문장 쓰고 나누기 (색지에 써서 붙이게 할 수도 있음) • 독서감상문 쓰기	• 질문지 뽑아 대답하기(문학) • 질문 만들어 묻고 답하기 • 관련 그림 그리기, 만들기 등 다양한 책놀이 • 이야기식 독서토론 • 교차질의식 독서토론 • 마음이 통통(핵심 키워드 찾기) • 인상 깊은 장면 연극으로 표현하기 • 책 속 공감 문장 쓰고 나누기 (색지에 써서 붙이게 할 수도 있음) • 동시집에서 등장인물의 마음과 같은 시 골라 낭송하기 • 독서감상문 쓰기

④ 기타

책모임 진행자	주 1회 시간을 내실 수 있는 분을 정해 돌아가면서 그 집에 아이들이 모여 책을 읽는 방식으로 진행하면 한두 달에 한 번 정도만 진행해도 되므로 부담이 훨씬 적을 수 있다.
기타	가급적 간식을 돌아가며 넣도록 한다. 다만 모임 시간이 식사 시간이 되면 간단한 식사거리로 넣기로 합의할 수도 있다. 평일 저녁에 늦게 모이게 될 경우 아이들끼리만 미리 만나 놀게 하더라도 놀이 시간을 확보하는 것이 중요하다. 만약 놀이 시간 소외되거나 놀이 상황에 어려움을 겪는 아이들이 있을 때 토론 등을 통해 서로 도울 수 있도록 격려해야 한다. 진행자는 어떤 성향의 아이들이라도 포용하고 기다려줄 수 있어야 한다.

2) 아이들이 정한 모임 규칙의 예

책 읽는 나비 규칙—초등 3학년

1 모임 시에 스마트폰, 텔레비전, 인터넷은 사용할 수 없다.

2 몸싸움을 하지 않는다.

3 장난치지 않는다.

4 친구 말에 경청하며 내 마음에 들지 않더라도 결정된 것은 따르려 노력한다.

5 다른 사람의 의견이나 발표 내용을 비난하지 않는다.

6 책을 읽어줄 때에는 조용히 한다.

7 매주 금요일 5시 30분에 모여 식사하며 책을 고른다.

8 6시 안에 식사를 끝내며 끝나면 바로 책을 읽고 학습지를 해결한다.

9 김서*—조은*—한시*—안예*—윤채*—조은* 순서로 사회자와 기록자를 번갈아가며 수행한다.

10 사회자 멘트

- 지금부터 책 읽는 나비 모임을 시작하겠습니다.
- ○○는 책 소개를 해주십시오. (모두 소개 후)
- 이제 책 투표를 시작하겠습니다.
- ○○ 책이 뽑혔습니다. 함께 책을 읽어보겠습니다. (선생님이 읽어주심)
- 이야기 나누기

3) 모임 일지의 예 (기록자 작성)

 책 읽는 나비 모임일지

1 **모임 날짜:** 4 월 5 일

2 **사회자:** 이별빛

3 **기록자:** 윤지유

4 **추천 도서**

(조은미): 내일을 바꾸는 작지만 확실한 행동
(이별빛): 폭력이란 무엇일까요?
(윤지유): 살려줘
(차우민): 꿀벌 릴리와 천하무적 차돌 특공대
(안예람): 어쨌든 무조건 반드시 꼭 하늘을 날거야.
(오여진): 미세먼지 수사대

5 **선택 도서:** 내일을 바꾸는 작지만 확실한 행동

4) 책 소개용 학습지의 예

함께 읽어요

이름 (조은미 　　　)

저는 　<u>내일을 바꾸는 작지만 확실한 행동</u>　 를(을) 읽고 싶어요.

이 책은 (시릴디옹, 피에르라비)가/이 썼고, (코스팀 트루아 피에스)가/이 그렸어요.

(한울림 어린이) 출판사에서 (2018)년에 펴냈습니다.

이 책의 내용 중 가장 인상 깊은 것은 이렇습니다.

〈현대 사회에서 인간이 어떻게 사는지 생각해 보았나? 유치원에서 대학교까지 네모난 건물에 갇혀 지낸다네. 네모난 대학을 졸업하면 돈을 벌려고 네모난 회사에 들어가서 일을 하지. 저녁이 되면 머리를 식히려고 네모난 차를 몰고 네모난 댄스 클럽에 들어가서 춤을 춘다네. 그러나 나이가 들면 네모난 양로원에 들어가서 네모난 상자에 들어갈 날만 기다리는 거야.〉 라는 구절이 인상깊었습니다.

같이 읽고 싶은 이유는
곳곳에 생각할 거리가 많기 때문입니다.

212

5) 유치원, 초등 저학년 아이들과 나누었던 그림책들

슈퍼거북 – 토끼와 거북 이야기에 대해 새로운 시각을 제시해 주는 책이다. 매우 재미있게 읽으면서도 이야깃거리가 많은 책이다.

밥 안 먹는 색시 – 무서운 옛이야기 그림책이다. 단순하지만 강렬한 그림과 함께 천천히 분위기를 잡아 읽어주면 좋다. 아이들은 무서워하면서도 귀신 이야기를 듣기를 지치지 않고 좋아하므로 가끔 들려주는 것도 좋겠다.

토끼 뻥튀기 – 작고 약한 토끼가 뻥튀기 기기에 들어가 커졌다는 상상으로 진정 강하다는 것에 대해 생각해볼 수 있는 책이다. 이 책의 저자인 정해왕 작가의 '으라차차 큰일꾼'과 함께 읽으며 '힘'에 대해 생각해보아도 좋다.

웃음은 힘이 세다 – 그림이 참 매력적인 책이다. 웃음이 절로 나오는 상황이나 웃음이 필요한 상황을 떠올려 보고 웃는 모습을 따라 그려보기도 했다.

망태 할아버지가 온다 – 매우 몰입하여 읽으며 박연철 작가의 그림에 담긴 상징적 의미나 결론에 대해 묻고 답하면 아이들 생각을 잘 표현해낸다. 미리 작가의 그림 속 의도를 살펴 놓으면 천천히 그림을 보아가며 읽는 재미가 크다.

팥죽 할멈과 호랑이(서정오) – 할머니와 팥죽을 먹는 친구들끼리 반복적인 대화의 리듬을 느끼며 주고받기 연극을 하기에 좋다. '유아를 위한 연극놀이' 책에 각 물체의 속성을 음악으로 느끼며 몸동작과 연결할 수 있도록 자세히 소개되어 있다.

안녕 잘 가 – 초등학생까지 로드킬 시사 문제와 연결하여 생명존중을 이야기하기에 좋은 책이다.

거짓말 – 고대영의 '지원이와 병관이 시리즈'에 있는 책이다. 지원이와 병관이 시리즈 모든 책은 초등 저학년까지 즐겁게 읽는다. 카트린 그리브의 '거짓말'이란 그림책도 있는데 거짓말의 속성을 직관적으로 느낄 수 있으며 초등 저, 중학년까지도 생각하며 읽을 수 있는 책이다. 그밖에 '빈 화분', '말해버릴까' 도 어린 아이들이 거짓말에 대해 생각해볼 수 있는 책으로 함께 읽어도 좋다. 어린 아이들은 거짓말한 경험을 나누는 것을 불편해한다. 굳이 거짓말하지 말라고 강조하기보다 책읽고 인상 깊은 부분을 나누는 것만으로도 충분할 것이다.

엄마를 화나게 하는 10가지 방법 – 아이들 각자 자신의 엄마를 화나게 하는 목록을 작성하거나 관련 그림을 그려 보는 것도 재밌어한다.

까불지 마 – 아이들에게 호응도가 높았던 책으로 몸도 작도 힘도 약한 어린 아이들에게 용기와 통쾌함을 줄 수 있는 책이다.

고라니 텃밭 – 시골에서 텃밭을 가꾸는 아저씨의 눈을 따라가며 생명존중에 대해 따뜻하고도 자연스럽게 생각해볼 수 있는 책이다. 마지막 페이지를 보기 전에 아이들에게 이 상황에서 고라니를 어떻게 할 것인지 아이디어를 나누어 보는 것도 좋겠다.

작은 병정 – 전쟁을 적나라하지는 묘사하지 않으면서도 전쟁이 가져다주는 비극을 슬프고 아프게 느낄 수 있게 한다.

엄마가 알을 낳았대 – 자연스럽고도 유쾌하게 아이를 낳는 것에 대한 궁금증을 나누어 볼 수 있는 책이다.

내 동생 싸게 팔아요 – 책을 읽은 후 동생이나 오빠가 미울 때, 고마웠을 때 등을 함께 나누면 형제가 있는 아이들은 신 나게 이야기한다.

친구를 사귀는 아주 특별한 방법 – 책 속의 친구를 사귀는 방법대로 아이들이 많은 놀이터에서 한 번 시도해 보자는 의견이 나오기도 했다. 용기 있는 친구가 있다면 책 속의 방법대로 새로운 친구를 사귈 수 있겠는지 시도해 보는 것도 재밌겠다.

엄마가 화났다 – 최숙희 작가의 책은 표지 그림에서 확 아이들의 마음을 끈다. 화내기도 하지만 엄마의 진심을 느껴볼 수 있는 책이다.

편지를 기다리는 마초바 아줌마 – 그림들을 몰입해보며 마초바 아줌마에게 편지를 누가 주었을지 짐작하며 읽는 재미가 있다. 초등 2,3학년이라면 감성적이면서도 소극적인 마초바 아줌마의 태도에 대해 이야기를 나누어도 좋겠다.

우리 엄마 아니야 – 정인 출판사의 색동다리 다문화 시리즈 중 한 권으로 세계 다양한 국가의 작가가 만든 그림책 시리즈이다. 이는 말레이시아 작가가 쓴 책으로 새엄마를 받아들이는 과정이 담겨 있다. 색동다리 시리즈의 다른 책을 찾아 읽어보아도 좋다.

멋진 뼈다귀 , 치과의사 드소토 선생님 , 당나귀 실베스터와 요술조약돌
윌리엄 스타이그의 그림책으로 모두 즐겁게 읽는다. 윌리엄 스타이그의 책만 읽는 날을 정해 읽어보거나, 초등 중학년 정도에 윌리엄 스타이그의 책을 전시해 놓고 함께 읽으며 공통점 찾기를 해도 즐거워한다.

길 아저씨 손아저씨, 강아지똥, 엄마 까투리, 훨훨간다, 황소아저씨, 오소리네 꽃밭
마음 따뜻하고도 재밌게 읽을 수 있는 권정생 선생님의 책들이다. 권정생 선생님 소개를 한 후 골라서 읽어도 좋다.

크리터 – 애완뱀이 이야기로 읽은 후 기다란 백업에 접착펠트지를 오려 붙여 나만의 뱀을 만들어 놀이를 하면 좋은 책놀이 도구가 될 수 있다.

고녀석 맛있겠다 – 미야니시 타츠야의 시리즈 그림책으로 공룡이 등장하며 감동과 재미가 있어 호응도가 높고 가족애, 친구와의 우정 등 주제별로 이야기거리가 많다.

돼지책, 우리 엄마, 우리 아빠가 최고야, 터널, 겁쟁이 빌리 – 앤서니 브라운의 그림책을 읽는 날을 정해 함께 읽어도 즐거워한다. 겁쟁이 빌리를 읽고 함께 걱정인형 만들기 활동을 해도 좋다. 인터넷에 걱정인형 만들기 활동의 다양한 예가 소개되어 있다.

모자사세요 – 책 내용대로 '원숭이처럼 따라하기' 활동을 할 수 있다. 한 명씩 돌아가며 동작 따라하기 등도 재밌게 할 수 있다.

우리를 사랑하고 보호해 주세요, 내가 라면을 먹을 때 – 글세계시민, 인권 관련 도서로 유치원생에게는 다소 어려운 책이었는데 책모임에서는 반응이 좋았다. 초등학교 고학년이 읽어도 나름의 연령에 맞게 생각거리가 있는 책들이다.

6) 3-4학년 아이들과 나누었던 도서 목록

이게 정말 나일까? – 자신의 다양한 측면을 객관적으로 살펴볼 수 있으면서도 재미가 있는 그림책으로 다양한 책놀이 활동도 가능하다.	**겁보만보** – 겁쟁이 만보가 '용기'를 얻는 내용으로 맛깔나는 사투리로 옛이야기도 듣고 용기를 내야 할 때나 용기를 내어본 경험 등을 나누기 좋은 책이다.
마법의 설탕 두 조각 – 부모님이 자신의 의견을 들어주지 않자 요정이 마법으로 부모를 작게 만든다는 설정에 아이들은 매우 즐거워한다. 마법, 소통, 갈등 등의 소재로 이야기 나누기 좋다.	**나쁜 어린이표** – 상점이나 벌점이 갖는 장점과 단점을 토론해볼 수 있는 책이다.
내짝꿍 최영대, 까막눈 삼디기 – 오랫동안 사랑받고 읽혀온 책으로 겉으로 보기에 부족하고 모자라 보이는 친구의 내면을 들여다보고, 사람을 진실로 대한다는 것이 어떤 것인지 생각해볼 수 있게 한다.	

슈퍼히어로 우리 아빠 – 영웅 이야기를 좋아하는 남학생들이 퍽이나 재밌게 읽어내려간 책이다. 아빠가 영웅이라면 좋은 일만 있을지 고민해보고, 영웅을 인간적으로 바라보는 기회를 제공하며 이타적인 삶의 이유를 생각해볼 수 있다.

비밀이 생겼어요 – 이성 친구에게 관심이 있어 보일 때 읽어주면 재밌게 읽는다. 서로 친해진다는 것, 배려한다는 것의 의미를 생각해볼 수 있다.

푸른 사자 와니니 – 4학년 이상에 적당하다. 한창 동물에 관심이 많은 3,4학년에 세렝게티 초원의 다양한 동물들의 생태를 생각해보며 책 속 사자의 삶의 태도를 살펴볼 수 있다. 라이언킹과 곁들여 보아도 잘 연결된다.

선생님은 모르는 게 너무 많아, 깡딱지, 자유의 노래, 천사들의 행진 – 강무홍 작가님의 책보는 날을 정해 서로 나누는 것도 즐겁다. '까불지 마'와 같은 그림책과 깡딱지와 같은 도서를 섞어 놓으면 아이들을 취향대로 돌려가며 읽는다. 읽은 책들의 공통점 찾기 등 활동을 해보아도 좋다. 단, 양철북에서 나온 가무홍 선생님의 인물책 '세상을 바꾼 학교', '자유의 노래', '천사들의 행진' 등은 내용이 좋으나 인물 이해, 역사적 배경이 좀 필요한 책이므로 중학년에게는 어렵다. 이 책들은 고학년 도서로 좋다.

꿈꾸는 레모네이드 클럽 – 패트리샤 폴라코의 책으로 실화를 바탕으로 하여 더욱 감동적인 이야기이다. '고맙습니다 선생님'이나 '오늘은 내가 스타' 등도 저자의 경험을 바탕으로 한 그림책으로 자신감이 없는 친구에게 용기와 힘을 북돋아 주는데 도움이 되었던책들이다.

랑랑별 때때롱 – 권정생 선생님의 마지막 작품으로 생명공학에 대한 이야기를 다루고 있다.

빨간 머리 앤(인디고) – 528쪽의 작은 글씨의 책이라 많은 고민 끝에 시작한 책이지만, 3학년 여학생들이 완전히 앤에게 빠지는 기회를 제공했다. 영화나 전시회 관람, 아름다운 관련 캐릭터 물품 구매 등과 겸해 2개월 넘게 읽어간 책이다. 중학년 여학생들이 그림책과 얇은 동화책에서 두께감 있는 동화로 넘어가게 하는 데 빨간 머리 앤, 작은 아씨들, 작은 공주 세라, 알프스 소녀 하이디 등은 좋은 계기를 제공할 수 있다. 단, 반응이 신통치 않으면 과감하게 쉬운 책을 더 읽기를 권한다.

톰 소여의 모험(시공주니어) – 372페이지의 책이지만 자유분방한 주인공의 모험과 용기 이야기이기에 남학생들이 지루하지 않게 읽어나갔다. 매장 요약해보고 역할극을 하며 진행했다.

내 인생의 코끼리 – 서커스단에 있는 주인공은 어릴 때부터 코끼리와 친구이자 가족이다. 여러 어려움 속에 결국 다시 만나게 되는 감동적인 이야기이다.

싸움 대장 – 다양한 학교 폭력상황이 제시되어 있어 사례를 통해 공동체가 함께 한다는 것의 의미를 되짚어보기 좋다.

조금만 조금만 더 – 인디언과 함께 개썰매 경주를 펼치는 이야기인데 절박한 아이의 상황과 인디언의 태도에서 큰 감동을 느낄 수 있는 책이다. 인디언의 역사에 대해 공부한 후 초등 고학년이 읽어도 좋은 책이다.

오른발 왼발 – 노인과 어린이의 교감이 담긴 책으로 할아버지, 할머니와의 관계를 돌아볼 수 있는 기회를 제공할 수도 있다. 늙어감에 대해 아이들 눈높이로 이야기한 '어느 할머니 이야기'와 함께 읽어도 좋다.

젓가락 달인 – 달인이 되기 위한 과정, 친구를 위한 배려, 할아버지와의 관계 등 다양한 측면에서 이야기거리가 많은 책이다. 읽으면서 젓가락으로 콩 옮기기 경주를 하거나 동남아 음식 만들어 보기 활동을 곁들이면 재미있을 것이다.

여우의 전화박스 – 아이를 잃은 엄마 여우가 엄마에게 매일 전화하는 소년을 보며 치유해 가는 과정이 담긴 슬프고도 따뜻한 이야기이다.

사자왕 형제의 모험 – 2~3장씩 읽어오도록 과제를 내어 요약하며 읽었던 책이다. 동생을 대신해 죽은 형과 앓다가 죽은 동생이 죽음의 공간에서 만나 긴박감 넘치는 모험을 펼치는 이야기이다. 자신을 인식하고 스스로 세상을 나아가기 시작하는 중학년 학생들에게 모험 이야기는 용기와 힘을 주므로 많이 접해 주어도 좋겠다.

민들레는 민들레 – 흔히 볼 수 있는 민들레를 자세히 보고 그 안의 힘을 생각해볼 수 있는 그림책으로 그림이 참 예쁘다.

틀린 게 아니라 다른 거야 – 다른 것과 틀린 것의 차이를 분명하게 설명해 주는 책이다. 그 사례를 찾아보며 읽으면 좋다.

신기한 장수풍뎅이 사슴벌레 백과, 우리 아이 처음 배우는 곤충백과, 사슴벌레 장수풍뎅이 키우기 – 아이들이 하도 장수풍뎅이에 빠져 있어 가져온 책들이다. 이외에도 도서관에서 곤충관련 도서를 싹 빌려와 진열했던 것 같은데 그 책을 다 보지는 않고 백과사전류만 열심히 들여다보고 따라 그렸던 것 같다.

빈 화분, 어린이를 위한 정직 – '정직'에 대해 깊이 있게 생각해볼 수 있는 책으로 '빈 화분'은 초등학교 저학년도 함께 볼 수 있는 그림책이고, 어린이를 위한 정직은 200페이지 가까이 되는 도서이다. '어린이를 위한 정직'은 이야기도 흥미롭지만 단순히 거짓말을 하지 않는 것을 넘어서 성실, 선의의 거짓말, 책임, 사랑 등도 정직과 직접적인 관련이 있음을 생각해볼 수 있게 한다.

짜장짬뽕탕수육 – 저학년부터 3,4학년까지도 재밌게 잘 보는 책이다. 서로 배려하며 아름다운 관계를 만들어가는 비결을 나누어 볼 수 있다.

우리 땅의 생명이 들려주는 이야기 – 돌고래, 반달곰, 고라니 등 멸종위기에 있는 동물들의 이야기를 동물들에게 직접 듣는 형식을 취하며 안타까움을 더한다. 동물에 한창 관심이 많은 3,4학년에게 동물관련 도서와 함께 생명존중에 관한 이야기를 접하게 하는 것이 좋다. 단순히 살아있는 인형처럼 재미를 느끼는 대상에서 같은 자연의 일부로서 존중하고 책임을 져야 하는 대상으로 연결시켜주는 대화를 많이 할 수 있기 때문이다.

찰리와 초콜릿 공장, 찰리와 거대한 유리엘리베이터, 조지, 마법의 약을 만들다, 마틸다, 제임스와 슈퍼복숭아 – 로알드 달의 책만 뽑아 읽는 재미도 무척 크다. 특히 찰리와 초콜릿 공장, 마틸다 등은 영화도 무척 재미있으므로 함께 할 수 있다.

자유가 뭐예요?, 폭력이란 무엇일까요? – 오스카 브르니피에의 철학동화 시리즈는 책 속에서 다양한 질문을 던지고 있어 책을 읽어나가며 이야기하기에 좋다. 대체적으로 철학동화의 선호도는 낮은 편이지만, 생활 속 사례를 통해 이야기할 거리가 풍부하므로 천천히 함께 읽는 것도 좋다.

생각한다는 건 뭘까?, 배운다는 건 뭘까? – 채인선의 철학 동화인데 오스카 브르니피에의 철학동화와 같이 함께 읽어나가기에 좋은 책이다.

밤티마을 큰돌이네 집, 밤티마을 영미네 집, 밤티마을 순이네 집, 하룻밤 – 이금이 작가님의 책으로 밤티마을 시리즈는 서로 연결되는 부분이 있으며 어른에게도 감동과 눈물을 자아낸다. 하룻밤은 분량이 적어 한 번에 읽어줄 수 있다.

가방 들어주는 아이, 나눔대장 – 고정욱 작가님의 책도 아이들 수준에 맞게 쭉 찾아 읽어보는 것도 좋다. 정서가 개인주의화되어 아이들이 '가방 들어주는 아이'의 마음을 좀처럼 이해하기 어려워하여 당황하기도 했지만, 서로 불편함과 갈등이 있을 때 공동체와 배려에 대해 이야기하기 좋은 책들이다.

화요일의 두꺼비 – 올빼미의 먹이가 되기 위해 잡혀간 두꺼비와 올빼미가 친구가 되는 과정을 그린 가슴 따뜻한 이야기이다. 두꺼비 워턴의 삶의 태도에 대해 이야기해볼 수 있다.

꽃들에게 희망을 – 초등 저학년부터 고학년까지 이야기에 대한 몰입도가 큰 책이며 각자 연령에 맞게 내용을 해석해 나가는 재미가 있다.

그림도둑 준모 – 대부분의 초등학생이 그렇듯 아직 특별히 잘 하는 것이 없는 평범한 준모는 엄마에게 다소 못마땅한 존재다. 그런 준모가 상을 받기 위해 노력하며 벌어지는 일로 아이들이 준모 입장에 대해 잘 공감한다. 어른들이 읽어도 이야기거리가 많은 책이다.

엉덩이 탐정 시리즈 – 아이들이 매력을 느낄만한 그림과 추리 이야기, 그리 부담스럽지 않은 글밥으로 그림책에서 줄글로 이어가는 데 도움을 줄 수 있는 책이다.

에너지를 지켜라, 미세먼지 수사대 – '에너지'를 주제로 한 독서토론대회 도서로 원자력 에너지 및 신재생 에너지, 미세먼지에 대해 초등 저학년의 눈높이로 이해하고 생각해볼 수 있는 책이다. 다만 생소한 어휘가 많이 등장하고, 생활과 가깝지 않은 주제로 3,4학년이 어렵게 느낄 수는 있다.

삼백이의 칠일장 – 천효정 작가의 옛이야기 책으로 초등 저학년, 중학년이 맛깔나게 읽을 수 있다. 건방이의 건방진 수련기 등 천효정 작가의 다른 책도 읽기에 재미를 붙이기 좋을 것이다.

장꼴찌와 서반장, 멋지다 썩은 떡, 마법사 똥맨, 김 구천구백 이 – 송언 선생님을 만나기 위해 살펴본 책들이다. 작가와의 만남을 준비하며 질문을 만들고 기대하는 마음으로 책들을 살펴보는 경험은 소중하다.

정직맨과 고자질맨, 뒷간 지키는 아이, 마녀 교장과 아주 특별한 시계, 일곱 발 열아홉 발 등 – 김해우 작가와의 만남을 앞두고 나눈 책들이다. 뒷간 지키는 아이는 조선 신분 제도에 관한 어렴풋한 느낌을 가지며 역사동화를 시작하기에 좋은 책이다.

7) 5-6학년 아이들과 나눈 도서 목록

한국사 편지 1~5, 초등학생을 위한 맨처음 한국사 1~5, 이현세의 한국사 바로보기 1~10, 술술 넘어가는 우리 역사 1~5 – 역사탐방과 함께 진행하면 좋다. 사실 함께 책을 읽는 사람과 같이 탐방을 하면 좋겠지만 여력이 되지 않으면 시대별로 역사탐방을 진행하는 프로그램이 준비된 곳에 1~2년 프로그램으로 신청해도 된다. 체험을 진행하면서 책을 읽어나가면 아이들은 역사를 좀 더 가깝게 이해한다. 가급적 분절적이거나 암기 위주로 역사를 인식하게 하지 말아야 한다. 싫어하면 억지로 다 읽게 하지 않아도 된다. 역사 동화나 이야기를 곁들여 원인과 결과를 이해하고 그 시대 사람이 되어 보도록 애쓰며, 현재에 비슷한 문제 의식을 비유하여 우리를 돌아볼 수 있는 방향으로 교육해 나가야 할 것이다. 원시시대 사람이 옷을 발가벗어서 우스꽝스럽다든지, 계급이 있어 무지한 사람들이라는 등 현재의 눈으로 과거를 보아서는 안 된다. 우리 어른들도 바른 안목으로 시간과 공간을 바라보도록 항상 고민해야 할 것이다.

탐정 김영서 – 일제시대 당차고 똑똑한 영서가 시대와 가족의 아픔 속에서 성숙해 나가는 과정을 그리고 있다.

책과 노니는 집 – 조선 시대 책방 아이의 시선으로 천주교 탄압 관련 이야기를 다루고 있다. 긴 기간 천천히 읽었는데 호응도가 높았다. 아이들은 장이의 고난과 아픔을 통해 자신의 아픔을 돌아보기도 했다.

장복이 창대와 함께 하는 열하일기 – 열하일기를 초등학생이 읽기 쉽게 재구성해 놓았다. 박지원을 따르는 마두와 하인의 눈으로 함께 한 여행 이야기를 통해 매 장마다 깊은 이야기거리가 수북하게 담겨 있다.

서찰을 전하는 아이 – 보부상의 아이가 동학농민운동 소용돌이에서 들려주는 일종의 모험이야기와도 같다. 우리학교 6학년 슬로리딩 도서인데 흥미진진하게 읽으면서 동학농민운동에 대해 호기심과 관심을 갖게 한다.

성균관의 비밀 문집 – 책모임에서 함께 읽은 책은 아니지만 정조의 문체반정을 소재로 한 역사소설로 사건의 전개가 박진감 넘친다. 성균관의 구조 및 분위기를 통해 오늘날 대학과 비교해볼 수 있고, 여러 업적 뒤에 부각되지 않았던 정조의 이모저모에 대해 이야기해볼 수도 있다.

백산의 책 – 허균의 홍길동전 집필에 대한 상상을 담은 역사소설이다. 광해군 시절 집권세력의 변화와 정세를 간접적으로 다루었으나 다른 역사 소설에 비해 흥미진진함은 다소 덜 느꼈던 것 같다.

'까칠한 재석이' 시리즈 – 청소년 대상 소설로 학교 폭력, 성, 꿈 등을 소재로 6권의 도서가 나와 있다. 초등 고학년부터 중등 남학생에게 매우 인기가 많다.

거짓말 학교 – 국가의 지원 아래 비밀리에 인재를 양성하기 위해 거짓말을 전문적으로 가르치는 학교가 제주도보다 먼 외딴 섬에 있다는 설정으로 만들어진 소설이다. 스토리 자체가 추리소설의 성격이 있어 초등 고학년 아이들부터 재미있게 보지만 책의 메시지를 이해하고 토론하는 데는 고등학생이나 성인에게 더 적합하기도 하다.

내일을 바꾸는 작지만 확실한 행동 – 시릴 디옹의 책으로 환경 문제에 대해 근본적 시사점을 준다. 시릴 디옹의 '내일'도 고학년이 읽기에 참 좋다.

봉주르 뚜르 – 프랑스에서 대한민국의 아이가 북한 아이를 만나게 된다는 설정으로 자극적이지 않으면서도 좀 더 담담하고도 가깝게 통일 문제에 대해 이야기를 나눌 수 있는 책이다.

불꺼진 아파트의 아이들 – 에너지 문제에 대해 생각거리를 제공해 주는 책으로 읽은 후 원자력 발전, 신재생 에너지의 장단점을 깊이 들려다보는 기회를 가져도 좋다. '두 얼굴의 에너지 원자력'이라든가 '에너지 앞에서 우리는 평등할까?'등과 같이 읽어 보았다.	**바나나 가족** – 기러기 가족에 대해 깊이 생각해볼 수 있는 책으로 기러기 가족에 대한 찬반토론을 진행했다.
야생동물은 왜 사라졌을까? – 멸종 위기종에 대한 설명으로 동물들의 위기 앞에 인간이 가져야 할 태도를 생각해볼 수 있다.	**생각이 크는 인문학** – 철학자들의 생각을 어린이들 눈높이로 정리해 놓았는데 그런 분야에 관심 있는 친구는 재밌게 보지만 그렇지 않은 친구는 어려워하는 경향이 있다.
마트로 가는 아이들 – 가정의 여러 문제 속에 마트에서 시간을 보내며 시식코너를 전전하는 아이들의 이야기이다. 아이들에게 호응도가 높은 책이다.	**다섯 손가락 수호대** – 소위 남일에 관심 두지 않는 세상에서 사사건건 다른 사람 일에 나서는 아빠가 어려움을 겪게 된다. 이를 해결하려는 아이들의 모습을 보며 '정의','공동체','사생활 보호' 등 다양하게 이야기를 나눌 수 있다.

과학, 사춘기를 부탁해 – 고학년이 사춘기에 대해 이해하기에는 좋은 책이나 어휘가 어려운 편이기에 독서력이 좋은 친구들이 흥미있게 보겠다.

통일 한국 제1고등학교 – 어휘나 배경지식 면에서 초등학생에게는 어려운 책이다. 봉주르 뚜르를 읽은 뒤에 읽어 통일 문제를 좀 더 가깝게 생각해볼 수 있었고, 회장 선거 후보 유세 등에 대해 많은 호감을 가져 각자 회장 선거 유세문을 적어 유세를 하여 투표까지 진행해 보았다.

나니아 연대기 – 7권의 시리즈를 다 보기로 계획했었는데 너무 길어지는 것이 부담스럽다는 의견이 있어 2권을 읽고 마무리하게 되었다. 이 책의 경우 매 권에 해당하는 교사용 국어 수업 지도서가 있어 그 가이드에 따라 6개월 이상 수업 진행이 수월하다.

초정리 편지 – 참 좋은 책인데 5학년짜리 남학생 7명이 힘겹게 읽었다. 조선 초 역사적 배경을 좀 알아야 재밌게 읽을 수 있어 6학년 이후에 읽힐 걸 후회를 했던 책이다. 다양한 활동을 하며 모두 같이 천천히 읽어나가면 그래도 재미를 붙였을텐데 읽어오라고 과제를 내어 활동하기에는 어려움이 있었다.

나의 아름다운 정원 – 70년대 태어난 어른들에게는 그 시절을 기억하며 진한 여운을 남기는 소설이나 초등학생에게 그냥 읽으라고 하기에는 다소 어려운 편이다. 그래도 학교에서 함께 읽어나갈 때는 흥미와 몰입도가 높다. 온작품읽기 도서는 학생 수준보다 약간 높게 잡아도 천천히 함께 읽어가므로 재미와 이해를 더할 수 있다.

책아놀자

8) 독후활동- 책을 읽은 후 뽑는 질문카드의 예 (문학)

책 속의 (   )가 제일 싫어.
왜냐하면 ～

책 속의 (   )가 제일 좋아.
왜냐하면 ～

나는 이 부분이 제일 마음에 들어.
왜냐하면 ～

책 속에 나오는 사람(혹은 동물)이
그런 말과 행동을 한 이유는 ～

이 책을 읽고 나서 바뀐 생각이 있어.

책 속의 인물이 달라졌어. 왜냐하면 ～

나도 책 속의 일과 비슷한 경험을
한 적이 있는데 ～

내가 책 속의 인물이라면 이렇게
했을 거야.

이 책을 쓴 사람이 하고 싶은 말은 ～

책 속의 일들이 일어난 곳은 ～

이 부분이 가장 놀라워. 왜냐하면 ～

제일 재미있었던 장면은 ～

9) 독후 활동 - '마음이 통통'

　책을 읽고 난 후 중요한 단어라고 생각되는 것을 8개 뽑아 친구들과 맞추어 보는 활동이다. 비문학에도 쓸 수 있다. 인물의 마음을 나타내는 단어 중 중요하다고 생각하는 것으로 적을 수도 있고, 책에 나온 장소를 적어보게 할 수도 있다.

　예를 들어 6명 전체 친구들이 모두 그 단어를 골랐으면 6점 만점, 5명이면 5점, 자기 자신만 그 단어를 썼으면 1점이다. 전체 점수를 합산하여 몇 점 이상이 되면 우리가 서로 잘 통한 기념으로 마치고 음료수를 사주겠다거나 파자마파티를 한다고 하기도 했다. 학년에 따라 개수를 조정할 수 있다.

마음이 통통

(책 제목 : 공학은 세상을 어떻게 바꾸었을까?)

번호	단어	점수
1		
2		
3		
4		
5		
6		
7		
8		
합계		

10) 독후활동 - 질문 만들어 묻고 답하기

돌아가며 읽고 각자 질문 2-3개씩 만들어 서로 질문하는 방식이다. 글의 내용을 묻는 질문과 우리 삶에 적용하는 질문으로 나누어서 만들어 보라고 질문을 유목화하기도 하고, 국어 교과서에서처럼 사실 질문, 추론 질문, 평가 질문으로 나누어도 좋다. 단, 내용을 묻는 질문에 주인공 이름과 같은 단답형 질문보다는 책 내용에 대한 다양한 답을 할 수 있는 질문을 하도록 격려한다. 예시를 들어주면 금방 이해한다.

11) 독후활동 - 시집에서 등장인물의 마음과 같은 시 골라 낭송하기

책을 읽은 후 등장인물 한 명을 골라 그 인물의 마음에 맞는 시를 고르는 작업도 참 좋다. 이 활동을 위해 집에 시집을 넉넉히 구비해 놓았다. 아이들은 기가 막히게 상황에 맞는 시를 골라내고 때로는 그 시의 내용을 바꾸기도 한다. 모두 허용했다. 시를 공책에 그대로 적은 뒤 그 시를 고른 이유를 적게 하면 좋다. 적은 뒤 멋지게 자신이 고른 시를 친구들 앞에서 낭송한다. 때로 배경음악을 깔아주기도 했다. 내가 5-6학년 대상으로 쓴 시집을 소개한다.

- 새들은 시험 안 봐서 좋겠구나(한국글쓰기교육연구회)
- 저학년 동시집(김녹촌)
- 감자꽃(권태응)
- 고양이의 탄생(이안)
- 어이 없는 놈(김개미)
- 똥 찾아 가세요(권오삼)
- 콩 너는 죽었다(김용택)
- 프라이팬을 타고 가는 도둑고양이(김륭)
- 콧구멍만 바쁘다(이정록)

12) 독후활동 - 독서감상문 쓰기

아이들은 기본적으로 쓰기에 대한 저항감이 크므로 조심스럽게 접근해야 하는 활동이다. 아이 개인별 역량을 고려하여 개개인별로 접근해야 할 활동이기도 하다. 특히 아이들의 글을 만날 때에는 보이지 않는 것을 볼 수 있어야 하고 표현되지 않은 것을 상상할 수 있는 융통성이 필요하다. 당장의 맞춤법, 문단 나누기 실력, 글씨, 표현력 등에 너무 치중하다 보면 정말 중요한 내용을 놓칠 수 있다. 마음껏 표현하는데 주안점을 두어 글을 쓰도록 한다. 세 문단 이상 등 대략적인 분량을 정해주되 그를 채우지 못한 아이들에게 강요하거나 지우고 다시 쓰라는 말 등은 가급적 안 하는 것이 좋다. 꾸준히 길게 할 것이므로 쓰는게 재밌고 누구나 잘 쓸 수 있다는 생각을 하는 게 중요하다.

온작품읽기 및 책놀이

    3, 4학년부터 쭉 진행해왔다면 아이들의 책모임에 대한 인식은 이미 한 주의 즐거움이 되었을 것이다. 하지만 이미 4학년 때부터 글이 길어져 모임 후 30분 안팎으로 엄마 선생님이 읽어주는 방식으로는 한계가 있었다. 그리고 자꾸 짧은 책만 읽으려고 하는 경향이 생겨 가정학습 과제로 읽기로 했다. 아이들이 뽑은 책을 집에서 읽어온 후 서로 나누고 다시 새로운 책을 고르는 방식이다. 그런데 책을 안 읽어오는 아이들이 있었다. 막상 우리 아들만 해도 책읽기 과제에는 부담을 느

겼다. 사실 안 읽어와도 이야기식 독서토론을 하면 관심이 생겨 그 뒤에 책을 읽는 경우도 적지 않긴 하다. 그렇지만 부담 없이 진행하는 것이 좋을 것 같아 선택한 방법이 같이 읽는 것이었다. 같이 매번 조금씩 읽으며 어떤 책은 2-3개월을 읽기도 했다. 에너지가 넘치는 4학년의 경우 모험 이야기를 읽으면 좋다기에 '톰 소여의 모험','사자왕 형제의 모험'을 천천히 읽어나갔다. '톰 소여의 모험'은 자기들끼리 모여 지난 번 읽은 내용을 요약하고 있도록 과제를 제시하여 35장까지 요약을 하면서 읽기도 했다. 5학년이 되어 시작한 '한국사 편지'의 경우 두세 장씩 읽고 관련 문화재 탐방 등과 연계하여 진행했다. 체험과 연계하다보니 한국사 편지 시리즈로만 6개월 넘게 읽게 되었다. '맨처음 한국사'나 이현세의 '한국사 바로 보기'와 같은 만화책과 곁들여 읽어 역사의 흐름을 좀 더 가깝게 느끼도록 도왔다.

함께 책을 읽어나가는 것이 오래 걸리고 느리기는 하지만 매우 큰 장점이 있다. 아이들 수준보다 어려운 책으로 건너가는 징검다리 역할에 매우 좋다는 것과 다음 내용을 기대하는 마음으로 한 주를 기다릴 수 있다는 것, 삶 속에 책 속 인물을 끌어올 가능성이 많다는 것이다. 독서력 편차가 심한 4학년 남학생 7명이 300쪽이 넘는 '톰 소여의 모험'을 매우 즐겁게 보고, 3학년 여학생이 인디고의 500쪽이 넘는 '빨간 머리 앤'에 푹 빠진 것은 함께 읽는 힘이 있었기 때문이다. 긴 시간 한 권의 책을 같이 소리내어 읽는 경험은 아이들끼리의 추억을 만들고 놀이를 생산해 내는 느낌이 들었다. 책을 읽는 동안 책 속의 인물을 주변 사람과 비유하여 말하는 경우도 많고, 책을 통해 자기들만의 말장난이나 소통거리를 만들어냈다. 한 권을 6개월 이상 읽으면 너무 늘어질 것 같아 3개월 안팎으로 맞추면 푹 빠져 읽기에 무난했다. 너무 분량이 많아 매주 2-3장씩 읽어오게 숙제를 내기도 하고 이해를 돕기 위해 아이들끼리 모여 요약을 하고 있게 하기도 했다.

그러나 고학년의 경우 독서력이 자라면서 매번 모든 책을 함께 읽기는 너무 오래 걸렸고 독서력이 좋아 잘 읽는 아이는 지루해 하기도 했다. 사실 나이가 먹어가며 독서력의 차이가 점점 심해지고 이는 진행에 고민을 가져오기도 했다. 과제로 몇 장씩 읽어오도록 하고 그 중 이야기의 흐름에 결정적인 한두장을 함께 읽어가며 '장복이 장대와 함께 하는 열하일기', '책과 노니는 집', '백산의 책' 등 역사 동화를 같이 읽고 이야기했다. 중간중간 책 내용과 관련하여 의미 있는 활동을 찾아 연계하는 것은책을 입체적으로 읽게 하는 데 도움을 준다. 중간에 역할극을 하거나 조선 역사 속에 사라진 전기수가 되어 이야기를 들려주거나 그림을 그려 공간을 만들어 보게 하는 활동 등을 넣어도 좋을 것이다. 나니아 연대기 시리즈를 긴 호흡으로 읽었고, 봉주르 뚜르, 통일한국 제1고등학교와 같은 책도 읽어 통일 문제도 생각해 보았다. 사실 초등학생에게 통일한국 제1고등학교는 너무 어려웠다. 다만 회장 선거 연설장면을 읽을 때 숨죽이며 몰입하는 모습을 보고, 바람직한 지도자상을 생각하며 모든 구성원이 모임 회장 후보가 되어 선거 연설문을 작성하여 발표하고 투표를 진행하기도 했다.

해마다 5월부터 전국독서새물결모임의 독서토론논술대회 준비를 하며 두세 달 대회 추천 도서를 읽어 매년 대회 주제에 대해 이런저런 생각을 해 볼 기회도 만들었다. 토론 대회 준비는 다양한 주제의 도서를 접할 수 있어 좋았다. 다만 늘 경계해야 할 것은 욕심이다. 아이들과 오랫동안 책을 읽다보면 자꾸 욕심을 내게 된다. 최근 6학년 말이 되니 고전에 도전해 보겠다고 아이들이 고를 책목록을 내가 원하는 고전으로 장식했더니 아이들은 어렵사리 고전만 피해 읽을 책을 골라 나갔다. 그렇게 골랐는데도 토론에 적극적인 자세를 보이지 않아 고민스러웠는데 한 아이가 친구들과 읽고 싶은 책이 있다는 것이다. 그 책은 까칠한 재석이 시리즈였고, 완전 대박이었다. 한 권을 다 읽어오라고 해도 읽어올 것처럼 재밌어했다. 난 그 과정을 지켜보며 크게 깨달음을 얻고 자꾸 내 욕심대로 운영하지 않도록 마음을 다잡는 계기가 되었다.

올해는 처음으로 일부 학생들이 교차질의식 토론대회에도 도전해 보았는데 의외로 아이들이 즐겁게 준비하고 선전하여 내년 중학교 때부터는 모두가 팀을 이루어 도전해 보기로 약속하기도 했다.

매번 책모임은 아이들이 일찍 와서 집에서 간식을 먹으며 내 퇴근 시간을 기다렸다 시작하게 된다. 기다리며 미리 배울 부분을 장별로 요약하게 하기도 하고, 그림을 그리게 하기도 한다. 책이 끝나면 독서 감상문을 쓰고 발표를 해도 즐겁게 잘 해나갔다. 때로는 관련 신문 기사를 찾아 함께 읽고 이야기나누기도 했으며 종종 우리집에서 함께 잠을 자며 관련 영화를 보기도 했다. 역사를 공부할 때 안시성, 사도, 광해 등을 함께 보았고, 트리갭의 샘물을 보고 '터크 에버래스팅'을 보았으며, 나니아 연대기도 함께 보았다. 우리 집은 텔레비전을 거의 보지 않는데, 아들과 함께 세종을 공부할 때 즈음 매일 한 편씩 '뿌리깊은 나무'와 '육룡이 나르샤'를 보기도 했고, 동학농민운동을 공부할 때 즈음 녹두꽃을 매주 보기도 했다. 고학년이 되어서는 자연스레 모임 시간이 늘어나 2시간 가까이 되는 날도 있었다.

시간이 지나며 정신없던 꾸러기 남학생 7명이 시간이 지날수록 뭔가 단단한 공동체가 되어 익숙하게 잘 해나갔다. 해마다 반이 바뀌어도 개인적으로 아는 놀이 공동체끼리 서로 울타리가 되어 주는 모습도 볼 수 있어 흐뭇했다.

교차질의식 독서토론하기

이야기식 독서토론은 개인별 독서토론 형태이며, 평가내용이 잘 드러나지 않는데 반해, 교차질의식 독서토론은 팀별로 찬성과 반대로 나누는 형태이며, 판정이 잘 드러나 토너먼트 형태의 독서토론대회에 적합한 독서토론 방법이다. 토론 대형은 서로 마주보는 것이 좋으며, 토론자는 준비한 자료를 활용하여 토론할 수 있다. 토론 참가 인원은 참가자에 따라 조정하여 운영할 수 있다. 관중이 있을 경우 관중석 토론과 상호 자유토론 형태로 변형이 가능한 독서토론 방법이다.

책아놀자

이야기식 독서토론은 설사 책을 읽지 않았더라도 토론을 한 후 책을 읽게 될 수도 있지만 이 토론에 제대로 참여하기 위해서는 관련 분야의 책을 정독할 필요가 있다. 찬성측 반대측 주장의 근거를 모두 준비해야 하고 어떤 편이 되든 상대의 주장을 반박할 수 있어야 하므로 깊이 있고 폭넓은 공부가 되지 않을 수 없다.

토론자와 심사자가 승패에 토론의 목적을 두지 않고 상대방의 의견을 듣는데 목적을 두어 지도해 나가면 4전 4패를 한 아이들도 한 수 배웠다는 느낌으로 기쁘게 토론장을 나서기도 한다. 아무래도 승패가 있기 때문에 좀 더 스릴있고 재미있어 하는 경향이 있으며 찬반 토론의 형태는 매우 다양하므로 상황에 따라 얼마든지 변형하여 실시할 수 잇다.

이 토론을 준비할 경우 pc나 휴대폰 사용이 필요할 수 있으며 우선은 충분히 책을 읽어 논제 관련 지식을 쌓은 후 토론에 임하여 배움이 있는 질적 토론이 되도록 이끌 어야 할 것이다.

1) 토론 진행 시나리오

지금부터 '왜 인공지능이 문제일까'라는 도서로 교차질의식 독서토론을 시작하겠습니다. 이번 토론 주제는 '인공지능의 발달이 인간의 삶을 행복하게 한다'입니다.

토론자 여러분은 토론의 정신을 잘 지켜 공정하고 합리적인 토론이 되도록 노력해주시기 바랍니다. 특별히 시간을 엄수해주시길 부탁드립니다.

- 찬성측 1발제자, 준비 되었습니까? (네)
- 토론 시간은 2분입니다. 시작하십시오.

- 네, ( )분 사용하셨습니다. 다음은 반대측의 교차질의 및 반론과 재반론이 있겠습니다. 시간은 3분입니다.
- 누가 먼저 시작하시겠습니까?
- 시간이 ( )분(초) 남았습니다. 더 사용하시겠습니까?
(시간이 되었습니다.)

- 이제 반대측입니다. 반대측 1발제자, 준비 되었습니까? (네)
- 토론 시간은 2분입니다. 시작하십시오.

- 네, ( )분 사용하셨습니다. 다음은 찬성측의 교차질의 및 반론과 재반론이 있겠습니다. 시간은 3분입니다.
- 누가 먼저 시작하시겠습니까?
- 시간이 ( )분(초) 남았습니다. 더 사용하시겠습니까?
(시간이 되었습니다.)

전략협의시간 2분을 드리고 둘째마당을 시작하겠습니다.
시간이 다 되었습니다.

- 찬성측 2발제자, 준비 되었습니까? (네)
- 토론 시간은 2분입니다. 시작하십시오.

- 네, ( )분 사용하셨습니다. 다음은 반대측의 교차질의 및 반론과 재반론이 있겠습니다. 시간은 3분입니다.
- 누가 먼저 시작하시겠습니까?
- 시간이 ( )분(초) 남았습니다. 더 사용하시겠습니까?
(시간이 되었습니다.)

- 이제 반대측입니다. 반대측 2발제자, 준비 되었습니까? (네)
- 토론 시간은 2분입니다. 시작하십시오.
- 네, ( )분 사용하셨습니다. 다음은 찬성측의 교차질의 및 반론과 재반론이 있겠습니다. 시간은 3분입니다.
- 누가 먼저 시작하시겠습니까?
- 시간이 ( )분(초) 남았습니다. 더 사용하시겠습니까?
(시간이 되었습니다.)

전략협의시간 2분을 드리고 최종발언을 하겠습니다.
시간이 다 되었습니다. 이제 최종 발언을 하는 시간입니다.
- 찬성측 최종 발언부터 시작하겠습니다. 준비되었습니까? (예) 시간은 2분입니다.
- 잘 들었습니다. 이번에는 반대측 최종 발언 시작하겠습니다. 준

비되었습니까? (예)

시간은 2분입니다.

- 이것으로 토론이 끝났습니다. 서로 소감을 이야기해볼까요?
(토론 평가 해주기)

발언 순서	시간	찬성			반대		
		1	2	3	1	2	3
1	2분	발제1					
2	3분				교차 조사 및 질의, 반론 / 재반론		
4	2분				발제1		
5	3분	교차 조사 및 질의, 반론 / 재반론					
	2분	전략 협의 시간					
7	2분		발제2				
8	3분				교차 조사 및 질의, 반론 / 재반론		
10	2분					발제2	
11	3분	교차 조사 및 질의, 반론 / 재반론					
	2분	전략 협의 시간					
13	2분		최종 발언				
14	2분						최종 발언
계	28분						

2) 교차질의식 독서토론지 (예시)

대상도서	왜 인공지능이 문제일까?	
주제	인공지능의 발달이 삶을 행복하게 한다	
주장	찬성	반대
	인공지능의 발달은 인간의 삶을 행복하게 한다	인공지능의 발달은 인간의 삶을 행복하게 하지 못한다
주장의 이유	– 인공지능은 인간의 마음을 치료해준다 – 의학 분야에서 인공지능은 인간의 삶의 질을 향상시킨다. – 인간을 대신해 일을 해줄 수 있다	– 인공지능은 인간과 행복을 나눌 수 없다 – 인공지능의 발달로 대부분의 직업이 대체되고 취업난이 생길 것이다
주장의 근거 (논증)	–우리나라도 초고령화 사회로 진입해 가고 있는데 일본에는 파로라고 불리는 인공지능 로봇이 자연재해 피해를 입은 사람들의 심리를 치료해주고 외로운 노인들과 친구가 되어 행복한 노후생활을 하게 만든다. – 대상도서 114쪽에 인공지능 로봇 왓슨은 백혈병환자를 대상으로 한 연구에서 실제 의사들과 판단이 80%로 일치하는 결과를 가져왔다. 이처럼 인공지능이 인간을 도와 의학에서도 좋은 영향을 미치기 때문 –대상도서 31쪽부터 인공지능이 우리의 실생활에서 얼마나 많이 사용되고 있는지 예가 나와있다(청소기,세탁기,밥솥,스마트폰) 이처럼 인간이 편하기 위해 만든 인공지능이라면 인간이 하기 힘든 건설, 재난상황과 같은 일들을 대신해주면서 인간은 편하게 살 수 있다.	–인간의 행복에는 신체적 행복과 정신적 행복이 있는데 물론 인공지능이 신체적으로 인간을 보호하면서 행복을 느낄 수도 있지만 요즘 스마트폰이 발달하면서 학생들 간의 사이버폭력도 심해지는 등 정신적인 행복은 보장받지 못한다. – 대상도서138쪽에 보면 여러개의 특수인공지능이 순간 특이점을 넘어선다는 닉 보스트롬의 주장처럼 발전되면서 인공지능을 발전 시키면서 인공지능이 인간의 직업과 대체되고 인간보다 뛰어나게 된다면 인간은 스스로가 불필요한 존재로 인식하게 되면서 행복해질 수 없을 것이다
반론 (교차조사 포함) 및 예상반론	– 사라센이라는 로봇을 만든 팔레스트라는 분은 사라센이 심리치료사가 기억하기 힘든 객관적 정보를 파악할 수 있고 분석할 수있다고 했다. 또한 일본의 페퍼도 센서를 이용해 감정을 읽고 친구도 되고 가족을 돌볼수도있다고 – 왓슨과 같은 인공지능이 수술을 하다가 사고가 나면 누가 책임지나?	– 인공지능으로 정신적 행복을 누릴 수도 있다 하지만 컴퓨터와 같은 게임도 일시적인 쾌락일뿐 행복은 아니다 – 그만큼 새로운 직종이 나올 것이다 하지만 없어진 것이 월등히 많아 채우기란 한계가 있을 것이다
정리	인공지능은 의학적 분야와 삶의 질 향상을 돕고 우리를 행복하게 할 것이다	인공지능은 인간과 진정한 행복을 나누기는 어렵다

이야기식 독서토론하기

　　이야기식 독서토론은 3단계 발문으로 이루어져 있다. 배경지식 관련 발문, 대상 도서 내용 관련 발문, 대상 도서와 관련한 인간 삶과 사회 관련 발문이 그것이다. '발문(發問)'이란 어떤 내용을 알고 있는 사람이 의도적으로 질문을 하여 그에 대한 대답을 다양한 측면에서 생각해 보도록 함으로써 스스로 정답이나 깨달음을 얻게 하는 질문기법을 말한다. 사실 책 한 권에 대해 일일이 발문을 만드는 것이 쉬운 일이 아니긴 하다. 하지만 앞서 말했듯 반복적으로 질문을 던지고 아이들의 반응을 살피면 질문을 어떻게 만드는지 이해할 수 있다. 꾸준히 질문을 주고받다 보면 발문 만드는 속도도 빨라지고 소통의 깊이도 깊어진다. 아이들이 어떤 소재의 이야기에 관심을 기울이는지 세상을 어떻게 보는지 이해할 수 있다. 처음 시작한다면 우선 내가 제시한 토론 발문으로 그대로 진행해 보길 권한다. 그러다가 정말 좋은 책이 생기면 몇 문제씩 만들어 볼 수 있다. 부록에 제시된 예시들을 보면 이야기식 토론이 어떻게 흘러가는지 쉽게 이해할 수 있을 것이다.

우선 모두 둘러앉아 차 마시며 편안하게 수다 떠는 느낌의 토론이라는 점을 염두에 두고 이야기하고 싶은 분위기를 조성하며 원하지 않는 아이들은 이야기하지 않아도 된다는 생각으로 진행한다. 시간이 지나면 누구나 잘 이야기할 수 있다. 이야기식 독서토론 안의 찬반토론 진행 시 돌아가며 의견만 말하게 하지 말고 쟁점이 하나씩 나올 때마다 서로 반박하며 진행해 나가야 아이들이 더 재미를 느끼며 말할 수 있다. 토론의 목적은 듣기인 만큼 항상 서로 배우는 마음으로 대하려는 점은 매우 강조하여 진행해야 할 것이다.

이야기식 독서토론으로 책모임한 다른 사례들을 자세히 살펴보고 싶으면 권일한 선생님의 '책벌레 선생님의 행복한 독서토론'과 '10대를 위한 행복한 독서토론'이 큰 도움이 될 수 있다. 덤으로 책모임을 하는 진행자의 마음가짐도 따뜻하게 이해할 수 있다. 임영규 회장님의 '독서토론 이야기'에는 전국독서토론대회에 대한 이야기와 중등 위주의 다양한 사례가 담겨 있어 유용하다.

이야기식 독서토론의 3단계 발문이란?

1) 배경지식 관련 발문

'배경지식 관련 발문' 단계는 토론의 문을 열고 래포를 형성하는 것이 가장 큰 목적이므로 대상 도서의 주제와 관련하여 대상도서를 읽지 않아도 쉽게 말할 수 있는 발문으로 무겁지 않고 흥미롭게 구성해야 한다.

모든 단계에 해당하는 내용이지만 특히 배경지식 발문을 만들 때에는 가급적 정답을 말하도록 물어서는 안 되며 자신의 생각을 편안하게 말할 수 있도록 발문을 작성해야 한다.

배경지식 관련 발문은 대략 전체 발문의 20%가량의 분량을 차지하고 있으며, 학생들이 지정 도서에서 교과서 내용, 사회 현실 관련 지식, 다른 독서 내용에서의 배경지식을 창의적으로 꺼내도록 만든다.

이야기식 독서토론의 발문은 1회성 발문이 아니라 연속적인 발문이 가능하도록 발문을 작성해야 한다. 예상 답변을 고려하여 토론자들에게 같은 주제를 심화하거나 확대하는 연속적인 발문을 만들어야 한다. 예를 들어, 같은 주제로 1-1) 1-2) 1-3) 이런 식으로 발문을 개발한다.

■ 배경지식 관련 발문 만들기
반드시 이 원칙에 의해 이루어지는 것은 아니지만 대체적으로 배경지식 관련 발문에는 다음과 같은 내용으로 만들 수 있다.

① 제목의 의미나 제목과 관련하여 떠오르는 생각

예1) '복지강국 스웨덴, 경쟁력의 비밀' -

〈스웨덴 하면 떠오르는 것을 한 가지 들어보고 그 이유가 무엇인지 이야기해보세요.〉

예2) '너 정말 우리말 아니?' -

〈나는 한국말을 잘 하는지 스스로를 평가해서 말해보세요.〉

② 책의 핵심 제재와 관련한 개인의 기호나 취향

예) '잘 먹고 잘 사는 식량 이야기' -

〈여러분이 좋아하는 음식은 무엇인가요? 왜 그 음식을 좋아하나요?〉

③ 책의 제재나 주제와 관련한 개인의 경험

예) '너도 하늘 말라리아' -

〈여러분에게도 좋은 친구가 있을 것입니다. 친구 덕분에 기분이 좋았다거나 혹은 마음의 상처를 받은 일도 경험했을 텐데요. 지금 특별히 생각나는 친구가 있다면 소개해보세요.〉

④ 책 속의 상황과 관련한 가정을 자신에게 가볍게 적용해 보기

예) '지구촌 곳곳에 너의 손길이 필요해' -

〈여러분에게 다른 사람을 도와줄 정도로 충분한 돈이 생긴다면 누구를 먼저 도와주고 싶은가요? 우리나라, 외국 상관하지 말고 대상을 말해보세요.〉

⑤ 책의 제재와 관련한 일반적인 생각

예) '완득이' -

〈사춘기를 잘 넘기고 바람직한 어른이 되기 위해서는 어떤 조건들
이 필요한가요?〉

2) 대상 도서의 내용 관련 발문

'대상 도서의 내용 관련 발문' 단계는 책내용과 관련한 발문으로 구
성된다. 여기서 대상 도서를 읽었다면 일부러 외우지 않아도 알 수 있
는 내용을 중심으로 내용을 구성해야 하며, 중간에 토론거리 등이 담
겨 있어 연속적이고 다양한 측면에서 토론자의 생각과 이유를 나타낼
수 있도록 해야 한다.

■ 대상 도서 내용 관련 발문 만들기

대상 도서 내용 관련 발문의 핵심은 책의 내용 파악에 있다. 문학
작품인 경우 인물, 사건, 배경 등에 대한 사전적 내용을 생각해볼 수 있
다. 또한 책에 드러난 제재들에 관한 찬반토론 발문도 제시할 수 있다.

① 책의 내용 파악

예) '나의 별에도 봄이 오면' -

〈1935년 간도를 떠나 본격적으로 공부를 하러 입학한 학교는 평양
숭실중학교입니다. 이 당시 윤동주가 시대적 모순을 탄식하며 지은 시
의 제목과 내용은 무엇입니까?〉

② 등장인물의 상태

예) '너도 하늘말라리야' -

〈미르는 진료소장이 된 엄마를 따라 시골로 오게 됩니다. 달밭 마을에 처음 왔을 때의 미르의 마음을 헤아릴 수 있나요? 누가 미르가 되어 자신의 마음 속 이야기를 털어 놓아 보세요.〉

③ 작품 속에 일어난 사건

예) '너도 하늘말라리야' -

〈좀처럼 거리를 좁히지 못하던 소희와 미르, 그리고 바우는 차츰 서로를 터놓게 됩니다. 이렇게 가까워지게 된 것을 어떤 일이 계기가 되었을까요?〉

④ 책 속 제재에 관한 찬반토론

예) '잘 먹고 잘 사는 식량이야기' -

〈신석기 시대 농업 혁명으로 식량의 생산이 늘자 잉여 농산물이 생겨났어요. 잉여농산물은 긍정적인 결과를 가져왔는지, 부정적인 결과를 가져왔는지 의견을 이야기해보세요. (찬반 토론)
- 잉여농산물은 긍정적인 결과를 가져왔다.
- 잉여농산물은 부정적인 결과를 가져왔다.〉

3) 인간 삶과 사회 관련 발문의 개요

'인간 삶과 사회 관련 발문' 단계는 3단계로써 독서 내용과 인간 삶이나 사회 문제와 연결하여 자신의 생각을 깊이 있고 분명하게 나타내는 발문이다.

여기서는 실제로 토론이 잘 이루어질 수 있어야 하며, 주제에 대해 찬반이 나뉘거나 문제 해결의 다양한 방법 등을 제시할 수 있는 내용이어야 한다.

■ 인간 삶과 사회 관련 발문 만들기

토론자의 생각을 가장 깊이 있게 물어볼 수 있는 발문이 되어야 하고, 실질적이고 깊이 있는 찬반토론도 이루어질 수 있도록 구성해야 한다.

① 작품 속 갈등상황을 자신에게 적용해보기

예) '너도 하늘말라리야'-

〈여러분은 이 책에 나오는 세 친구만큼이나 크고 깊은 상처는 아니겠지만 일상 생활을 하면서 자잘한 상처를 입어본 적이 있을 것입니다. 그런 경험이 있다면 소개해보고 어떻게 해서 오해가 풀렸는지 이야기해보세요.〉

② 책과 연결된 인간의 삶에 대한 생각

예) '그 사람을 본 적이 있나요? -

〈마음의 상처를 치유하기 위한 방법에는 어떤 것들이 있을까요?〉

③ 책과 연결된 사회 문제에 대한 생각

예) '복지강국 스웨덴, 경쟁력의 비밀'-

〈스웨덴은 과거 1960~1970년대의 고도성장기를 거치며 복지예산이 대폭 증가하고 스웨덴형 복지모델의 구조가 확립되었습니다. 우리나라도 비슷한 시기에 엄청난 고도성장을 이루었지만 복지에 대해서는 스웨덴만큼의 성과를 이루지 못했습니다. 그 이유가 무엇이라 생각하는지 자신의 의견을 제시해보세요.〉

④ 책의 핵심 쟁점이 되는 찬반토론

예) '지렁이 카로' -

〈여러분은 스스로 자연과 연결된 삶을 살고 있다고 생각하나요? 자연과 분리된 삶을 살고 있다고 생각하나요?

* 자연과 연결된 삶을 살고 있다.

* 자연과 분리된 삶을 살고 있다.〉

⑤ 책의 주제에 대한 다짐이나 실천

예) '나의 별에도 봄이 오면' -

〈우리의 소중한 한글을 잘 지켜서 길이 사용할 수 있는 방법을 제시해보세요.〉

⑥ 작품의 뒷이야기 상상해 보기

예) '그 사람을 본 적이 있나요?' -

〈건널목 아저씨는 왜 사라졌을까요? 그리고 어디서 어떤 삶을 살아가고 있을지 상상

하여 발표해부세요.〉

스마일 책모임 소감 한마디

5팀의 책모임을 진행했는데 현재 평일 2팀의 책모임이 남아 있다. 스마일은 사실 가장 애착이 가는 책모임이다. 큰 아이 3학년 때 만들어졌는데 많은 우여곡절과 어려움이 있었지만 다양한 소통을 거쳐 건강한 공동체를 만들어가고 있고, 이 일곱 아이들의 성장이 무척이나 기대된다. 크게 욕심 내지 않고 모든 아이들이 책읽는 속도를 천천히 하고 친구들 간의 소통과 즐거움에 초점을 두었던 터라 지적 성장을 느낄 기회가 많지 않았는데, 최근 교차질의 토론 대회에 나가서 활약

책아놀자

을 하고 훌쩍 성숙해진 아이들의 글을 보며 믿음과 기쁨이 더욱 커진다. 다음은 아이들 각자의 스마일에 대한 느낌 혹은 스마일을 통해 성장한 점을 간단히 써달라는 주문에 아이들이 적어준 글들이다.

내가 생각하는 스마일은 같이 협동하면서 책을 읽고 재미있게 놀며 월요일 기분을 좋게 하는 아주 좋은 모임 같다.
내가 이 모임을 안 했다면 혁*이, 두*,정*도 만나지 못했을 것이다.
그리고 애들이랑 자는 재미도 있고, 책을 읽는 것도 나쁘지 않아서 월요일이 참 즐겁다.
　　　　　　　　　　　　　　　　　　　　　　　　　　　　　　　　　－조**

스마일에서 지낸 지 3년이 지났다. 스마일 하면서 전국독서토론대회도 3번을 나갔다. 한두 친구와 불편하기도 했는데 점점 나아졌다. 사춘기가 온 것 같은 친구도 보인다. 이 모임이 고 3까지 계속 갔으면 좋겠다.
　　　　　　　　　　　　　　　　　　　　　　　　　　　　　　　　　－여**

스마일 한 지 3년이 지났다. 처음에는 친구들과 힘들기도 했지만 지금은 편하고 아주 좋아졌다. 5학년이 되어 새로운 친구가 들어와 새로 알게 되기도 했다. 스마일을 안 했다면 이런 기회가 없었을지도 모른다. 스마일을 다녀서 친구들이랑 자게 된 거랑 책에 대해서 많이 알게 된 것이 좋았다. 고등학교까지 이어졌으면 좋겠다.
　　　　　　　　　　　　　　　　　　　　　　　　　　　　　　　　　－김**

스마일에서 성장한 점은 친구들과 친해지고 안 읽던 책을 볼 수 있었던 것 같다. 5학년에 친구들이 놀려 힘들기도 했지만, 원래 안 하던 것을 많이 해보아서 재미도 있었고 신기했다. 스마일에서 자는 것도 좋았다. 전에는 한 번도 친구 집에서 자지 못했는데 스마일에서는 많이 잤다. 나는 스마일이 오래 갔으면 좋겠다.
　　　　　　　　　　　　　　　　　　　　　　　　　　　　　　　　　－홍**

내가 생각하는 스마일은 친구들과 서로 친해짐과 동시에 책을 읽고 책에 대해 더 잘 알게 되는 모임 같다. 내가 스마일에 없었다면 이 친구들과 친하지 못했을 것이다. 스마일은 월요일에 다운되었던 기분을 다시 올려주고 안 친했던 친구와 친하게 만들어준 것 같다. 스마일에서는 친구들이랑 잠도 자고 놀기도 하고 우정이 더 돈독해져서 좋고 책을 읽음으로써 이해력이랑 집중력도 높아진 것 같다.
　　　　　　　　　　　　　　　　　　　　　　　　　　　　　　　　　－김**

5학년에 스마일에 들어왔다. 처음 들어올 때 친구들과 잘 지내고 재미있을 것 같았다.

난 월요일에 학원에 가는데 스마일 덕에 학원 시간 50분이 줄어서 좋고 책을 읽으며 모르는 단어도 많이 알게 되어 좋았다.

그리고 가장 좋은 것은 친구들끼리 자는 날도 있고 항상 수업이 끝나면 놀아서 좋다.

—이**

스마일은 고쳐야 할 점이 있다. 놀이 시간이 더 길어지고 더 많이 잤으면 좋겠다. 그래도 재미있는 3년이었다.

통일한국 제1고등학교를 읽으며 북한말도 배우고 통일이 되면 어떤 느낌이 날지도 이야기해 보았다. 실제로 통일이 되었으면 좋겠다.

—이**

248

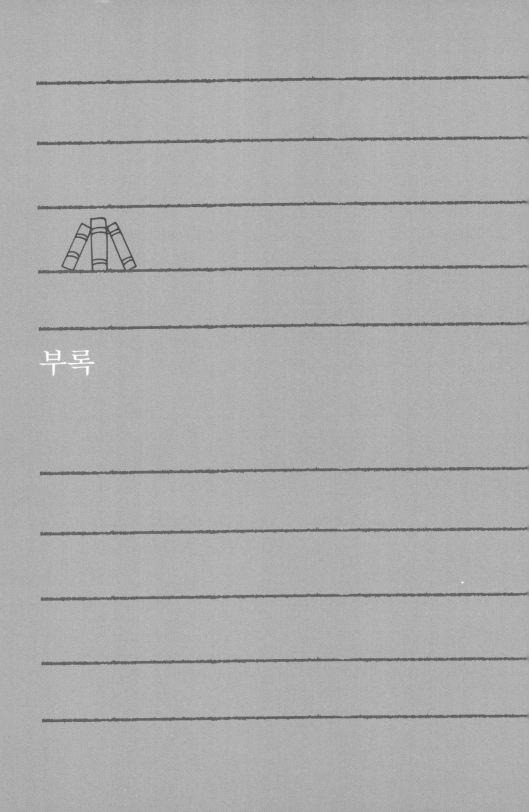

부록

아이들과 만난 이야기식
독서토론 발문

3, 4학년 도서

1) 빈 화분

여는 이야기

우리 함께 데미의 '빈 화분'을 읽어보았을텐데요. 책이 재미있었나요? 이 시간 읽은 내용을 떠올리며 이런 저런 이야기를 나누어 볼 겁니다. 먼저 이 책에서 가장 인상 깊은 장면이 있다면 어떤 것인지 이야기해 볼까요? (왼쪽부터) 네, 감사합니다.

가. 배경지식 관련 발문 (편안한 분위기 조성이 매우 중요, 모두 이야기하도록 함, 오른쪽부터, 왼쪽부터 번갈아 가며)

1-1) 누구나 거짓말을 한 경험이 있을 겁니다. 자신이 한 거짓말 중
에 기억에 남는 것이 있다면 이야기해보세요. 혹시 기억이 나
지 않으면 다른 사람이 한 거짓말 중 생각나는 것을 이야기해
보세요.

1-2) 거짓말을 하거나 거짓말을 듣고 나면 무슨 생각이 드나요?

**나. 대상 도서의 내용과 관련된 발문 (발언권 얻고 발표, 반복되더
라도 가급적 모두 이야기하게 하되, 말하기 싫은 아이를 억지로 시
키지는 않음- 단계를 넘어갈 때 '대상 도서의 내용과 관련한 발문'이
라는 용어를 쓰지 않고 자연스럽게 "자, 이제 책 속으로 들어가 볼
까요?"와 같은 말을 던지며 시작)**

1-1) 핑은 화분에 꽃을 피우기 위해 어떤 노력을 하였나요?

1-2) 여러분은 자신에게 가장 자신 있는 일이 뜻대로 되지 않을 때
무슨 생각을 할 것 같나요?

2-1) 탐스러운 꽃 화분을 들고 가는 친구들을 보고 핑은 무슨 생각
이 들었을까요?

2-2) 핑은 이미 탐스런 꽃들을 많이 피웠기 때문에 화분에 예쁜 꽃
을 담아가는 것은 어려운 일이 아니었을 겁니다. 여러분이 핑
이었다면 주변에 꽃화분을 들고 가는 친구들을 보며 어떤 선택
을 했을 것 같나요?

3-1) 꽃을 피우지 못해 절망에 빠져있는 핑에게 핑의 아버지는 무엇
이라고 말했나요?

3-2) 여러분이 펑이라면 아버지의 말씀을 듣고 무슨 생각을 했을 것
　　같나요?

**다. 대상 도서와 관련된 인간 삶이나 사회 관련 발문 (발언권을 얻
고 발표, 자신의 생각을 이야기하기 부담스러워하는 친구는 굳이
말하게 하지 않음. 단계를 넘어가며"이제 좀 더 깊이 있는 이야기들
을 나누어 봐요."와 같은 말을 자연스럽게 함.)**

1-1) 뉴스에서나 주변 어른들을 통해 정직하지 못하다는 생각을 한
　　적이 있으면 이야기해보세요.
1-2) 정직하지 않았는데 오히려 좋은 결과가 나오거나 칭찬을 받
　　았던 적이 있나요? 없다면 주변에서 그런 경우를 본 적이 있나
　　요?
1-3) 정직하지 못하면 반드시 벌을 받거나 나쁜 일이 생긴다고 믿나
　　요? 아니면 그렇지 않은 경우도 많다고 생각하나요? 의견을 이
　　야기해보세요.
　　　• 정직하지 못하면 벌을 받게 된다
　　　• 정직하지 않아도 벌을 받지 않는 경우가 더 많다
2-1) 정직하고 진실하려면 '용기'가 필요합니다. 왜 그럴까요?
2-2) 여러분이 위와 같은 용기를 냈던 경험이나 용기를 낸 사람이
　　이야기를 한 가지만 해보세요.

4. 토론 후 소감 말하기

"긴 시간 토론에 성실히 임해주셔서 감사합니다. 토론 후 생각하거나 느낀 것 이야기해보세요."

2) 푸른 사자 와니니 ════════════════════

여는 이야기

우리 함께 이현의 '푸른 사자 와니니'를 읽어보았어요. 책이 재미있었나요? 읽은 내용을 떠올리며 이런 저런 이야기를 나누어 볼 겁니다. 먼저 이 책에서 가장 인상 깊은 장면이 있다면 어떤 것인지 이야기해볼까요? (왼쪽부터) 네, 감사합니다.

1. 배경지식 관련 발문

1-1) 여러분이 가장 좋아하는 동물은 무엇입니까? 이유를 들어 설명해주세요.

1-2) 동물 중 '사자' 하면 어떤 것들이 떠오르는지 이야기해보세요.

2. 대상 도서의 내용과 관련된 발문

1-1) 한밤에 침입자를 발견한 와니니가 우두머리인 마디바 할머니에게 알리지 않은 이유는 무엇인가요?

(떠돌이 수사자들이 가여워 마디바 할머니에게 잡히게 하고

싶지 않았기 때문에)

1-2) 여러분은 말라이카가 크게 다치게 된 것에 누구의 잘못이 가장
크다고 생각하나요?

(사자의 법을 어기고 말라이카를 혼자 보낸 와니니 잘못이 크
다, 경솔하게 자신 이 수사자를 처리하려 달려간 말라이카의
잘못이 크다 등 자신의 생각 이야기하기)

2-1) 결국 와니니는 사자에 있어 '가장 무거운 벌'을 받게 되었습니
다. 그 벌은 무엇인가요?

(혼자가 되는 벌)

2-2) 여러분에게 있어 가장 무거운 벌은 어떤 것인지 이야기해보세
요.

3-1) 사자들이 새들의 말을 믿지 않는 이유는 무엇이라고 하였나
요?

(평소 워낙 믿지 못할 말을 끊임없이 떠들어서, 사자와 서로 관
계가 좋지 않아서)

3-2) 와니니들은 아기 코끼리가 했다는 말만 믿고 언제나 비구름이
머무는 초원으로 무작정 갑니다. 이 결정에 대해 어떻게 생각
하나요?

1) 무작정 떠난 것은 경솔한 결정이다.

2) 무작정 떠난 것은 현명한 결정이다.

4-1) 말라이카는 마디바의 무리에서 쫓겨난 뒤에 태도가 어떻게 변
했나요?

(겸손해지고 고맙다는 말을 많이 했다.)

4-2) 여러분 스스로 생각할 때에 1,2학년 때에 비해 변한 것이 있다면 어떤 것이 있는지 이야기해보세요.

5-1) 무투와 세 아들이 어긴 사자의 법은 무엇인가요?
(나이가 되면 스스로의 힘으로 자기 영토를 찾아야 한다는 것)

5-2) 여러분이 말한 사자의 법이 우리 사람에게도 필요할까요? 사람도 일정한 나이가 되면 스스로 힘으로 살아가야 한다고 생각하는지 묻는 거예요. (대답 들으며 몇살 즈음이 스스로 힘으로 살아가야 하는 나이인지도 물을 수 있습니다.) 인간이 스스로 힘으로 살아갈 수 있는 나이가 되었는데 부모나 다른 사람의 도움을 받고 살아갈 경우, 우리 사회에는 어떤 문제가 발생할까요?
(계속 누군가에게 의지하는 삶은 사람을 나약하게 만들고 스스로 아무것도 할 수 없게 만든다. 부모가 돈이 많거나 지위가 높을 경우 그에 기대어 살아가면 자신의 힘으로 잘 살아가려는 젊은이들이 설 자리를 잃게 될 것이다.)

6-1) 와니니와 말라이카가 오랜만에 다시 마디바를 만나게 되었을 때 마디바 앞에서 둘의 태도는 서로 다릅니다. 어떻게 다른가요?
(와니니는 두렵지만 용기내서 마디바를 똑바로 쳐다보았고, 말라이카는 납작 엎드렸다.)

6-2) 옳은 일을 위하여 두려움에 맞서 용기를 내본 경험이 있다면 이야기해보세요.

7-1) 마디바와 와니니는 무리를 이끄는 지도자입니다. 두 지도자의

공통점과 차이점을 이야기해보세요.

(공통점: 무리를 지키기 위해 애쓴다. 무리에게 지도자로서 인정을 받는다.)

(차이점: 마디바는 권위가 넘치고 와니니는 따뜻한 지도자이다, 마디바는 강한 자만을 거두고 와니니는 누구든 무리가 필요한 자와 함께 한다. 등)

7-2) 만약 우리가 학년 전체의 대표자를 뽑는다면 어떤 사람을 뽑아야 한다고 생각하나요?

3. 대상 도서와 관련된 인간 삶이나 사회 관련 발문

1-1) 아산테와 잠보는 처음 와니니에게 말라이카를 해친 것으로 오해를 받았습니다. 여러분도 누군가에게 오해를 받은 적이 있으면 이야기해보세요.

1-2) 오해가 생겼을 때 이를 해결하는 가장 좋은 방법은 무엇이라고 생각하나요?

2-1) 와니니는 초원 어디에도 쓸모없는 것은 없었다고 말합니다. 하찮은 사냥감, 바닥을 드러낸 웅덩이, 썩은 나무 등걸이 자신을 살렸다고 하지요. 심지어 끔찍한 하이에나도 자신을 살렸다고 합니다. 여러분도 별로 쓸모없다고 생각한 것이 소중하게 보인 적이 있었나요?

2-2) 여러분이 자라서 미래에 어떻게 쓰이고 싶은지 여러분의 꿈을 이야기해보세요. 만약 직업을 말하기 어렵다면 어떤 사람이

되고 싶은지 말해주어도 좋습니다.

3-1) 강하고 똑똑한 자들만 뽑아 팀을 만든다면 그 팀은 가장 좋은 능력을 발휘하고 협력도 잘 될 것이라고 생각하나요? 이유를 들어 설명해보세요.

3-2) 어쩌면 우리가 학급을 정해 모일 때 와니니 무리가 정해질 때와 같은 모습일지 몰라요. 서로 간절히 원하는 사람끼리 모인 것도 아니고, 성격도 다르고, 약점이 나 상처가 있지요. 학급 구성원이 와니니 무리처럼 가족보다 더 끈끈해 지려면 어떤 노력이 필요하다고 생각하나요?

4. 토론 후 소감 말하기

3) 꿈꾸는 레모네이드 클럽 ══════════

1. 배경지식 관련 발문

1-1) 암에 걸린 사람을 주변에서 본 적이 있나요?

1-2) 만약 여러분 나이에 암에 걸린다면 기분이 어떨 것 같아요?

2-1) 여러분이 친하다고 느끼는 친구 이름을 말해보세요.

2-2) 어떤 친구가 정말 친한 친구라고 생각하나요?

2. 대상 도서의 내용과 관련된 발문

1-1) 위첼만 선생님의 교실에 대해 아는대로 이야기해보세요

1-2) 여러분이 여태까지 만난 선생님 중 위첼만 선생님같다고 생각
하는 분이 있나요?

1-3) 여러분 생각에 좋은 선생님은 어떤 분인가요?

2-1) 암에 걸린 마릴린을 위한 선택은 무엇이었나요?

2-2) 여러분이라면 친구를 위해 친구와 똑같이 머리카락을 싹 밀어
버릴 수 있겠나요? 이유를 들어 설명해보세요.

3-1) 위첼만 선생님이 암에 걸린 후 마릴린 같은 아픈 아이를 돕기
위해 의사가 되기로 결심했다고 말합니다. 여러분은 위첼만
선생님이 선생님으로 남아 있는 것이 좋다고 생각하나요, 의사
가 되는 것이 아이들을 위한 것이라고 생각하나요? 그 이유를
말해보세요.

- 선생님으로 남아 있는 것이 좋다.

- 의사가 되는 것이 좋다.

3-2) 우리 나라 많은 사람들이 하고 싶은 일을 직업으로 삼지 못한
다고 합니다. 그 이유는 무엇이라고 생각하나요?

4-1) 마릴린은 피아니스트가 꿈이에요. 여러분의 꿈은 무엇인가요?

4-2) 트레이시는 특별한 꿈이 없지요. 하지만 분명 남을 도울 때 가
슴이 뜨거워지는 건 확실하다고 했어요. 여러분은 가슴이 뜨
거워진다는 생각을 해본 적이 있나요?

3. 대상 도서와 관련된 인간 삶이나 사회 관련 발문

1-1) 패트리샤 폴라코의 다른 책 '고맙습니다 선생님'도 본인의 실화라고 합니다. 실제 이야기를 책으로 읽을 때 읽는 사람으로 하여금 어떤 느낌을 준다고 생각하나요?

1-2) 여러분도 혹시 책으로 엮으면 좋을 만하다는 일을 겪어 본 적이 있나요? 있다면 이야기해주세요.

2-1) 힘들 때 진정한 위로와 치유를 받아본 경험을 이야기해보세요.

2-2) 고통에 빠진 사람에게 가장 큰 힘이 되는 것은 어떤 것일까요?

3-1) 레몬에 물과 설탕을 더하면 레모네이드가 된다는 것이 의미하는 바가 무엇이라고 생각하나요?

3-2) 레모네이드 클럽처럼 우리 책모임도 더 멋지게 이름을 바꾼다면 어떻게 바꿀 수 있으며 왜 그런 이름을 생각했나요?

4. 토론 후 소감 말하기

• 후속 활동: 레모네이드 만들기

5, 6학년 도서

1) 책과 노니는 집

1. 배경지식 관련 발문

1-1) '책'하면 무슨 생각이 떠올라요?

1-2) 지금까지 만났던 책 중에 가장 기억에 남는 것이 있다면 어떤 책인가요?

2-1) 여러분이 겪은 일 중 가장 힘들다고 생각했던 일은 무엇인가요?

2-2) 힘든 일이 있을 때 나만의 극복 방법이 있다면 어떤 것이 있을

까요?

2. 대상 도서의 내용과 관련된 발문

1-1) 장이 아버지가 관아에서 죽도록 매를 맞은 이유는 무엇인가
요?

1-2) 그렇게 죽도록 맞으면서 장이 아버지는 아무 말도 하지 않았습
니다. 왜 그랬을까요?

1-3) 사람이 목숨을 내 놓으면서까지 지키고 싶은 게 있는가 봅니
다. 여러분이 지금 꼭 지키고 싶은 게 있다면 어떤 것이 있을
것 같나요?

2-1) 장이는 죽어가는 아버지 곁을 지키며 최서쾌에게 어떤 생각이
들었나요?

2-2) 여러분이라면 이웃 누구 하나 발걸음 하지 않는 때에 밤에 온
최서쾌에게 감사한 마음이 들었을 것 같아요, 미운 마음이 들
었을 것 같아요?

- 감사한 마음이 든다.
- 야속하고 미운 마음이 든다.

3-1) 낙심이가 도리원에 팔려온 사연을 이야기해보세요.

3-2) 낙심이 부모님의 마음을 이해하려고 애써 여러분이 낙심이 어
머니가 되어 낙심이에게 변명하는 말을 해보세요.

4-1) 장이가 홍교리 심부름을 가는 길에 어떤 일을 당했나요?

4-1) 여러분이 장이라면 상아찌 도둑을 맞고 어떤 선택을 했을 것

같나요?

5-1) 미적 아씨가 장이에게 한 행동을 생각나는 대로 이야기해보세요.

5-2) 죽지 않을 만큼 얻어 맞는 허궁제비를 그만 때리라고 한 미적 아씨의 행동은 옳은가요? 잘못된 행동은 강하게 가르쳐야 한다는 수양어머니의 말이 옳은가요?

- 미적 아씨가 옳다.
- 수양어머니 말이 옳다.

5-3) 여러분도 미적과 같이 많은 이들에게 매력적인 인물이 되려면 어떤 것을 갖추어야 한다고 생각하나요?

6) 양반집 마님은 남정네랑 아랫 사람이 있는 마루가 아닌 미적 아씨의 방에서 이야기를 듣습니다. 유교 사상에서 신분 및 남녀의 구별이 있어야 하니까요. 이렇게 엄격히 구별하여 생활할 때 장점과 단점을 이야기해보세요.

7-1) 장이는 서유당 간판을 보고 책을 사랑하는 아비를 떠올렸습니다. 여러분도 어떤 장소나 어떤 물건에 추억이나 기억이 있다면 말해보세요.

7-2) 여러분이 가지고 있는 꿈을 이야기해보세요. 꼭 직업이 아니어도 좋습니다. 장이 아버지처럼 간절히 원하는 것을 이야기해보세요.

3. 대상 도서와 관련된 인간 삶이나 사회 관련 발문

1-1) 책을 다 읽지 않았는데 많이 사들이는 것에 대해 어떻게 생각
하나요?

- 책을 다 읽고 사야 한다.
- 책을 읽지 않고 사두면 읽게 된다.

1-2) 여러분도 친구에게 책을 추천해준 적이 있나요? 여러분은 책
을 추천해 줄 때 어떤 것을 가장 먼저 고려해야 한다고 생각 하
나요?

2-1) 책 속에 배경이 된 시대에 왜 천주교 박해를 했을까요?

2-2) 박해를 받으면서도 사람이 끈질기게 금서를 읽는 이유는 무엇
일까요?

2-3) 혹시 여러분에게 주어진 사명이 있다는 생각을 해본 적이 있나
요?

4. 토론 후 소감 말하기

후속활동

- 여러분 중에 '전기수' 재능이 가장 뛰어나 보이는 사람을 골라
보세요. 다음 주에 전기수가 되어 재미있는 이야기를 하나씩
들려주도록 하겠습니다.

2) 봉주르 뚜르 ══════════════════════

1. 배경지식과 관련한 발문

1-1) '북한'하면 어떤 생각이 듭니까?

1-2) 우리가 북한에 대해 알고 있는 것을 이야기해 봅시다.

2-1) 북한에서 탈북한 사람들을 직접 보거나 이야기를 들은 적이 있습니까?

2-2) 여러분 또래의 북한 아이를 직접 만난다면 어떤 생각이 들고 어떻게 대할 것 같나요?

2. 대상도서의 내용과 관련한 발문

1-1) 봉주네는 파리에서 뚜르로 이사를 했어요. 이사한 첫날 밤 봉주에게 어떤 흥미로운 일이 생겼나요?

1-2) 봉주는 왜 방 안에서 발견한 낙서 이야기를 부모님과 나누지 않았을 거라고 생각하나요?

1-3) 여러분이 그런 일을 겪으면 어떻게 행동했을 것 같나요?

2-1) 책 속에서 본 프랑스 교실과 우리나라 교실의 차이점이 있다면 어떤 것이 있다고 생각하나요?

2-2) 우리나라 학생들이 교실에서 질문을 많이 하지 않는 편이라면 그 이유가 어디에 있다고 생각하나요?

3-1) 봉주는 어떤 과정을 통해 토시가 일본 사람이 아님을 의심하게 되었나요?

3-2) 결국 봉주는 토시의 눈물을 보고 자신이 피해를 주었을까 걱정

합니다. 여러분은 봉주가 토시에게 찾아가 물은 것이 토시에게 피해를 준 것이라고 생각하나요? 그 반대라고 생각하나요?

- 피해를 준 것이다.
- 피해를 준 것이 아니다.

4-1) 토시는 왜 자신이 공화국 사람이라고 말하지 못한다고 하였나요?

4-2) 자신은 분명 공화국 사람인데 공화국 사람이라고 말하지 못하는 토시는 친한 친구를 만드는 데 어떤 어려움이 있었을까요?

3. 대상 도서와 관련된 인간 삶이나 사회 관련 발문

1-1) 급격히 늘어난 탈북자 지원에 정부가 어려움을 겪기도 하고, 최근에는 제주에 예멘 난민들이 들어오며 이를 받아들일지에 대한 찬반 논란이 있습니다. 인도주의 차원에서 받아들여야 하는지 무슬림 난민에 대한 혐오, 근거없는 루머, 일자리 문제 등으로 반대해야 하는지 의견을 이야기해보세요.

- 탈북자나 난민을 열린 마음으로 수용하고 도와야 한다.
- 탈북자나 난민에 대한 수용과 지원에 제한을 두어야 한다.

1-2) 사람들은 북한이 경제적으로 어려운 이유는 사회주의였기 때문이라고 생각합니다. 인간은 경쟁에서 이기기 위해 더 싸고 더 좋은 상품을 만들며, 기술력과 상품의 질이 좋아진다는 것이지요. 사회가 발전하는 데 경쟁이 곡 필요한 것인지 의견을 이야기해보세요.

- 사회 발전에 경쟁은 꼭 필요하다.
- 사회 발전에 경쟁이 꼭 필요한 것은 아니다.

2) 여러분은 꼭 통일이 되어야 한다고 생각하나요? 이유를 들어 설명해보세요.

4. 토론 후 소감 말하기

후속활동
- 토시의 집 앞으로 간 봉주가 공터에서 당한 일을 역할극으로 꾸며 보세요(깡패 4명, 봉주 1명, 토시1, 토시 삼촌 1)
- 토시에게 편지쓰기 : 토시에게 답장을 할 수 있다면 뭐라고 하겠는지 편지 써 보기
- 토시 삼촌은 유전공학을 공부하는 사람이라고 일본에서 공화국 일을 했다고 했습니다. 과연 그동안 토시네 가족에게 무슨 일이 있었을지 상상해서 이야기해보세요.

3) 초정리편지

1. 배경지식과 관련한 발문

1) '초정리'라는 곳은 광천수 약수로 유명한 곳으로 피부병 치료에 탁월한 효과를 인정받고 있는 약수가 생산되는 곳이기도 합

니다. 이런 유명한 약수가 생산되는 '초정리'는 충청북도 청원군 내수읍에 위치하고 있습니다. 그런데 꼭 초정리가 아니더라도 우리나라의 곳곳에서는 약수가 많이 납니다. 여러분은 약수를 실제로 마셔 본 경험이 있나요? 있다면 어디서 마시게 되었으며 약수를 마시고 난 후의 느낌은 어떠했는지 말해보세요.

2-1) 순우리말 이름을 짓는 경우가 늘고 있습니다. 여러분은 순우리말 이름에 대해 어떻게 생각하나요?

2-2) 여러분이 알고 있는 순우리말 이름을 가진 친구를 소개해보세요. 만약 자신이 순우리말 이름을 갖고 있다면 자신을 소개해도 좋습니다. 물론 이름에 담긴 의미를 중심으로 소개해야겠지요.

2. 대상도서의 내용과 관련한 발문

1-1) 장운은 어떻게 해서 토끼 눈 할아버지(세종대왕)를 만나게 되나요?

1-2) 장운의 집이 가난하게 살 수밖에 없는 이유를 들어보고 가난 때문에 겪은 여러 가지 사건들이 무엇인지 밝혀 보세요.

2-1) 장운은 어떻게 해서 훈민정음을 익히게 되며 토끼눈 할아버지에게 배운 글을 어떻게 사용하는지 이야기해보세요.

2-2) 이 책 속에서 훈민정음으로 자신의 생각을 표현하는 여러 사례들을 구체적으로 밝혀 보세요.

3-1) 약재 영감은 장운이네가 원래 '종'이었다면서 약값 대신으로 누이를 데려갑니다. 조선 시대는 태어나면서부터 신분이 결정되는 철저한 신분사회입니다. 이러한 신분제도에 대해 어떻게 생각하나요?

3-2) 여러분이 살아가는 현대 사회에도 신분이 존재한다고 생각하나요? 그렇지 않다고 생각하나요? (찬반 토론 진행)

4-1) 장운이가 한양으로 올라간 까닭은 무엇이며 이 일은 장운이에게 어떤 의미가 있는 것일까요?

4-2) '전화위복(轉禍爲福)이란 말의 뜻은 재앙이나 화가 바뀌어 오히려 복이 된다는 뜻입니다. 장운이가 한양에 올라가 겪은 일 중에서 이 한자성어에 들어맞는 일이 있다면 소개해보세요.

5-1) 장운이가 가난 속에서도 훌륭한 청년으로 성장하게 된 것은 무엇 때문일까요? 여러 가지 측면에서 생각해보세요.

5-2) 여러분이 현재 겪고 있는 일 중 가장 어려운 점은 무엇이며 그것을 어떻게 극복할 것인지 말해보세요.

6-1) 세종대왕의 가장 큰 근심은 무엇인지 살펴보고, 이 근심을 어떻게 해결해나가는지 발표해부세요.

6-2) 한 나라를 이끌어나가는 임금이나 대통령을 최고경영자(CEO)라고 한다면 현재의 우리 나라를 어떻게 이끌어가는 것이 가장 바람직할까요? 여러분이 CEO가 되어 자신의 포부를 밝혀 보세요.

3. 인간의 삶이나 사회 문제와 관련한 발문

1-1) 세종대왕께서는 집현전 학자들과 함께 '한글'이라는 글자를 만드셨습니다. 한글을 만드신 이유가 무엇인지 이야기해 봅시다.

1-2) 여러분이 쓰고 있는 한글은 1997년 유네스코가 "세계 기록 유산" 으로 등록할 정도로 그 가치를 인정받고 있습니다. 세계적으로 인정받고 있는 한글의 우수성에 대해 이야기 해 봅시다.

2-1) 영어 열풍으로 인한 조기 영어 교육, 조기유학에 대해 어떻게 생각하나요?
(찬반 토론 진행)

2-2) 요즘 영어학원에서는 아이들에게 영어로 이름을 지어주고 수업 시간에 영어 이름을 주로 사용하는데 이에 대해 어떻게 생각하나요? (찬반 토론 유도)

2-3) 우리나라 각 지역마다 영어를 체험할 수 있는 영어마을이 경쟁적으로 생겨나고 있습니다. 영어마을 확산에 대한 자신의 의견을 발표해부세요. (찬반 토론 가능)

3-1) 우리 민족처럼 단일민족 국가인데 단일어를 사용하는 나라는 몇 개 안된다고 합니다. 장점과 단점은 무엇일까요?

3-2) 한국은 이미 다민족, 다문화 사회의 문턱을 넘어서고 있습니다. 이런 시대에 '단일민족 국가' 및 '단일어 사용'을 자랑할 수 있는지 자신의 의견을 발표해부세요. (찬반 토론 진행)

4-1) 우리말을 해치는 요소들이 있다면 어떤 것들이 있나요?

4-2) 우리말과 우리글을 아름답게 가꾸기 위해서는 어떤 노력이 필요한가요?

4. 토론 후 소감 말하기

4) 다섯 손가락 수호대 ====================

1. 배경지식 관련 발문

1-1) 여러분 주변에 다른 사람의 일에 많은 관심을 가지고 참견하는
  사람이 있다면 소개해주세요.

1-2) 남의 일에 관심을 많이 갖는 사람들이 좋아보이나요? 그런 사
  람들의 장점이나 단점을 생각나는 대로 이야기해보세요.

2-1) 은혁이네 집 가훈은 '남의 일에 참견하지 말자'입니다. 혹시 여
  러분 집의 가훈이 있다면 무엇인지 이야기해보세요.

2-2) '남의 일에 참견하지 말자'는 좋은 가훈인 것 같나요? 은혁이집
  가훈에 대한 여러분의 생각을 말해보세요.
  (가훈은 많은 이들에게 서로 도움이 되어야 할 것 같은데 남의
  일에 참견하지 말라는 가훈은 문제가 있다, 어차피 자기 일을
  잘 챙기는 것도 쉽지 않으므로 남의 일에 참견하지 말라는 가
  훈은 좋은 것 같다. 등)

2. 대상 도서 내용 관련 발문

1-1) 다섯손가락 수호대의 원래의 이름은 다섯손가락 수사대였습

니다. 왜 다섯손가락 수호대로 바꾸었나요?

(이준범 형사가 수사는 경찰이 하는 것이고, 수호는 누구나 할 수 있으므로 수호대로 바꾸라고 권유했다. 그리고 우선 자신과 주변을 지켜야 하므로 담임 선생님께 최선을 다할 것을 부탁했다.)

1-2) 다섯 손가락 수호대 같은 집단이 사회에 도움이 될 거라고 생각하나요?

(주변을 지키려는 집단이 많아지면 결국 서로 돌보는 사회가 될 것이므로 도움이 될 것이다, 어린이들이 자꾸 집단을 만들면 갈등이 생기고, 오히려 혼란스러워질 수 있다 등)

2-1) 전교 부회장 선거 유세를 하던 도중 이룸과 해서 사이에 갈등이 생깁니다. 어떤 문제가 생겼나요?

(해서를 앞세운 준형이네 유세팀이 예성이네 구호를 조롱하듯이 바꾸어 소리쳤기 때문에 이를 비겁하다고 느낀 이룸은 해서에게 크게 화를 내어 준형이네 유세팀이 교실로 이동했다)

2-2) 최근 학교에서 학급 및 전교 임원을 선출하지 않는 경우가 늘어나고 있습니다. 초등학교에서 전교 학생 임원이 꼭 필요하다고 생각하나요?(찬반토론)

• 전교임원은 필요하다

• 전교임원은 별로 필요하지 않다

3-1) 아이들에게 무관심한 듯한 은혁이 담임 선생님의 태도는 문제가 있어 보입니다. 하지만 그렇게 된 데는 이유가 있었습니다. 그 이유는 무엇인가요?

(이전 학교에서 야단을 친 학생에게 맞았던 경험이 있었기 때문에 그 트라우마로 아이들에게 거리를 두고 무관심한 태도를 보인다)

3-2) 트라우마는 외상 후 스트레스 장애라고 합니다. 극심한 스트레스를 받고 나서 생기는 심리적 장애라고 볼 수 있는데요. 주변이나 언론을 통해 트라우마가 있는 사람을 본 적이 있나요?

3-3) 트라우마를 극복하는 가장 좋은 방법은 무엇이라고 생각하나요?

(트라우마를 잊을 수 있는 흥밋거리를 연결한다, 트라우마를 편안하게 생각할 수 있는 경험을 한다. 등)

4-1) 은혁이네가 이웃 주민과 사이가 좋지 않은 이유는 무엇입니까?

(아버지의 사건과 예성이, 고모 등의 방문으로 늘 시끄럽기 때문에)

4-2 아파트와 같은 공동 주택에 살고 있는 사람들이 늘어나며 이웃과의 소통도 줄어들고, 갈등이 많아지고 있습니다. 공동주택에서 지켜야 할 예절이 있다면 어떤 것이 있을까요?

(저녁 늦게 세탁기를 돌리거나 피아노 치지 않는다, 뛰지 않는다, 복도를 깨끗하게 사용한다 등)

5-1) 은혁이가 공중화장실에서 정신 나간 듯 주먹질을 하며 폭력을 행사한 이유는 무엇입니까?

5-2) 다른 사람을 돕기 위해 폭력을 쓰는 것은 어쩔 수 없다고 생각하나요? 아니면 폭력은 어떤 일이 있어도 써서는 안 되는 것이

라고 생각하나요?(찬반토론)

- 다른 사람을 돕기 위해서는 필요할 때 폭력을 쓸 수도 있다.
- 어떤 일이 있어도 폭력을 안 된다.

3. 대상 도서와 관련된 인간 삶이나 사회 관련 발문

1-1) 기자 누나가 해서가 부풀려서 준 쪽지 내용을 확인도 하지 않은 채 살을 붙여 뉴스를 만든 이유는 무엇이라고 생각하나요? (읽는 이에게 관심을 끌기 위해서)

1-2) 사실 여부를 정확히 확인하지 않고 다섯손가락 수사대까지 만들어 내어 뉴스를 만든 기자 누나의 행동은 처벌을 받아야 할까요?

(결과적으로 사건 해결에 도움을 주었고, 해서도 부풀려서 말한 것이 있으므로 처벌은 하지 않는다. 진실을 보도해야하는 기자가 자신의 책임을 다하지 않았으므로 처벌을 한다.)

1-3) 많은 뉴스 보도의 글이 객관적인 사실인 것 같지만, 쓰는 사람의 의도에 따라 사실과 달라질 수도 있습니다. 뉴스 보도를 하는 기자가 갖추어야 할 가장 중요한 마음자세는 어떤 것이라고 생각하나요?

(기자는 정직, 진실을 말할 용기 등을 갖추어야 한다. 등)

2-1) 폴란드, 독일, 스위스 등에는 '착한 사마리아 인의 법'이 적용됩니다. 이는 성서에 강도를 만나 길에서 죽어가는 사람을 착한 사마리아 인이 구해줬다는 이야기에서 비롯된 것으로 위험에

처한 다른 사람을 구조할 수 있음에도 불구하고 고의로 구조하
지 않은 자에 대하여 5년 이하의 구금 및 50만 프랑의 벌금에
처하도록 하고 있는 규정입니다. 현재 우리나라는 착한 사마
리아 인의 법을 적용하지 않는데요. 여러분은 이 법의 적용에
대해 어떻게 생각하나요?(찬반토론)

• 우리도 착한 사마리아인의 법을 적용해야 한다

• 적용해서는 안 된다

2-2) 우리나라에 자발적으로 용기 있게 주변 사람을 도와주는 시민
들이 많아지게 하기 위해서 어떻게 하면 좋을까요?
(주변 사람과 서로 가까이 지내는 문화를 만들어 간다, 더 많은
용기 있는 시민에게 포상을 한다 등)

4. 토론 후 소감 말하기

나가는 말

해마다 아이들과 학부모님, 선생님들을 만나며 하고 싶은 말이 자꾸 마음에 걸려 있는데 차마 하지 못했습니다. 잘 모르는 데 떠들다가 상처 주기 싫었고, 어디서부터 풀어 말을 해야 할지 몰랐으며, 뭔가 확실하지 않은 것 같기도 하고, 나도 너무 부족하기 때문입니다. 그렇게 못다한 말들을 차곡차곡 쌓아가다가 결국 이렇게 책으로 질러버렸습니다. 마음에 말이 넘쳐 흘렀기에 글이 쉽게 써지긴 했습니다. 하지만 두려운 건 여전히 잘 모르고, 괜한 오만에 상처를 줄 수도 있으며 내 스스로 너무 부족하기 때문입니다. 저는 아직 성장하고 있으며 배우고 있습니다. 꽂히면 잘 계산하지도 못하고 야생마처럼 질주하는 내게 또 어떤 깨달음과 아픔, 소명이 주어질지 알 수가 없습니다. 다만 기대하는 마음으로 하루하루 현재를 살아갈 뿐입니다.

막상 글을 쓰고 나니 내가 왜 이렇게 말을 하고 싶었는지 자꾸 곱씹게 됩니다. 전 그저 동행하고 싶었습니다. 혼자 이고 지고 싸매지 말고, 혼자 가슴앓이 하지 말고 모두의 부족함과 아픔과 훌륭함을 내놓고 함께 아이를 키우고 싶었습니다. 갈등을 피하거나 어쩔 수 없으니 타협하는 게 아니라 책을 통한 소통으로 건강하게 해결해 나가면서 부모도 아이도 문제 해결력이 성장하게 된다는 걸 함께 경험해 나가고 싶었습니다. 그런 엄마들이 많아지면 그런 아이들이 많아지고, 그 아이들은 자연스럽게 건강한 가정과 공동체를 만들 것이고 그러면 국가도 사회도 점점 건강해질 거라 믿습니다.

'이 험한 세상에 뭘 믿고 남의 집에 아이들을 두느냐?', '당장 바빠 죽겠는데 무슨 책을 그리 많이 읽겠느냐?' 라는 생각에 절대 아니라고도 못합니다. 다만 우선 믿어보면 늘 예상치 못한 감동의 순간이 펼쳐질 수 있다는 것, 해보고 문제가 생겨 돌이키거나 방법을 찾아도 그다지 큰일이 아니라는 것, 이 엄청난 초스피드 정보의 홍수 속에 많은 양을 효율적으로 가르치는 방법에 매몰되기보다 배워야 하는 내용을 함께 천천히 고민해 나가는 것이 중요하다는 이야기를 하고 싶습니다.

이젠 무언가 가르치고 싶으면 '어떻게 가르칠까?'는 별로 고민하지 않습니다. 가르쳐야 할 내용이 어떤 것인지 관련 책을 쭉 놓고 깊이 생각부터 합니다. 그러면서 내 스스로 미처 알지 못했던 것을 배워가는 것이 참 재밌습니다. 그렇게 고민하고 아이들과 같이 만난 내용은 대부분 아이들도 재미있어 합니다. 내가 온갖 수업 기술을 가지고 오지 않아도 말입니다.

어느 학원의 어느 선생님이 좋은가를 알아보기보다 당장 조금이라도 아이와 서로 관심 있는 분야나 좋은 책에 대해 직접 나누는 게 삶 속으로 배움을 끌어오는 좋은 방법일 것입니다. 그런데 그걸 혼자 하려면 너무 힘들지만 함께 하면 조금씩 더 해낼 수 있습니다. 당장 옆집의 또래 아이 엄마와 만나서 엄마들끼리 책모임을 시작할 수도 있습니다. 그러다가 아이들 서넛을 모아 책을 함께 읽어볼 수도 있습니다. 많은 어른과 아이가 함께 책을 읽고 많이 이야기하며 자신과 주변을 행복하고 선하게 가꾸어 나갈 수 있으면 좋겠습니다.

2019년 12월 오여진